漁業という日本の問題

勝川俊雄

photo: ©anactor / iStockphoto

NTT出版

漁業という日本の問題

目次

第一章　食卓から見た魚

第二章　日本漁業の現状

第一章　食卓から見た魚

日本の漁業は危機的状況にあり、急速に衰退していることは、皆さんもテレビや新聞で見聞きしたことがあると思います。漁業が衰退している理由の一つとして、「消費者の魚離れ」がしばしばメディアで取り上げられます。

魚離れという言葉が、朝日新聞に最初に登場したのは、一九七六年です。「若い女性は魚離れ　料理は苦手、鮮度にも関心薄い」という記事でした。紙面には、「「魚が好き」やっと半数　一匹買わずに切り身で　魚屋よりスーパー利用」という見出しが躍っています。実に三〇年以上前の記事なのですが、昨日の記事と言ってもまったく違和感がありません。

平成二〇（二〇〇八）年度の『水産白書』は、子どもの魚離れに着目しています。「魚離れの進行と子どもの魚離れがもたらす影響」を分析したうえで、家族、企業、地域、学校の工夫と努力で、子どもに魚を食べさせることの必要性を論じています。

国内では、メディアや水産庁が日本人の魚離れに警鐘を鳴らす一方で、海外メディアは、乱獲による水産資源の減少を繰り返し指摘しています。「乱獲によって二〇四八年には世界の漁業が消滅している」とか、「このまま魚を獲り尽くせば、やがては、クラゲばかりの海になる」と主張する研究者もいます。

漁業の衰退の原因が、魚離れをしている消費者サイドにあるならば、もっと魚を食べることで、漁業を支えることができるはずです。逆に、水産資源の減少が漁業衰退の原因であれば、消費を控えて、資源を回復させる必要があります。私たちは、日常的に矛盾する情報にさらされているのです。日本漁業が衰退している原因は、消費者の魚離れなのか、それとも乱獲による漁獲量の減少なのかを、検証してみましょう。

日本人はどれくらい魚を食べてきたのか?

過去一〇〇年にわたり、日本人の水産物の消費量がどのように変化したかを、政府の統計から調べてみました。**図1-1**は、日本人一人あたりが年間に消費した水産物（骨などを抜いた可食部のみ）の重量を過去一〇〇年にわたって図示したものです。

「食糧需要に関する基礎統計」（一九七六）によると、一九一一〜一五（明治四四〜大正四）年の日本人は、年間たったの三・七キログラムしか魚を食べていませんでした。明治時代の日本人は、「かつてない魚離れ」をしている現代人の一五パーセント程度しか、魚介類を食べていなかったのです。筆者が周囲の八〇歳以上のお年寄りに話を聞いてみたところ、「お正月に鯛を食べるぐらいで、普段は魚を食べていなかった」と言う人が大半でした。冷凍技術が発達していなかった時代に、日常的に魚を食べていたのは、一部の漁村

図1-1　日本人1人あたりが年間に消費した水産物
（骨などを抜いた可食部のみ）

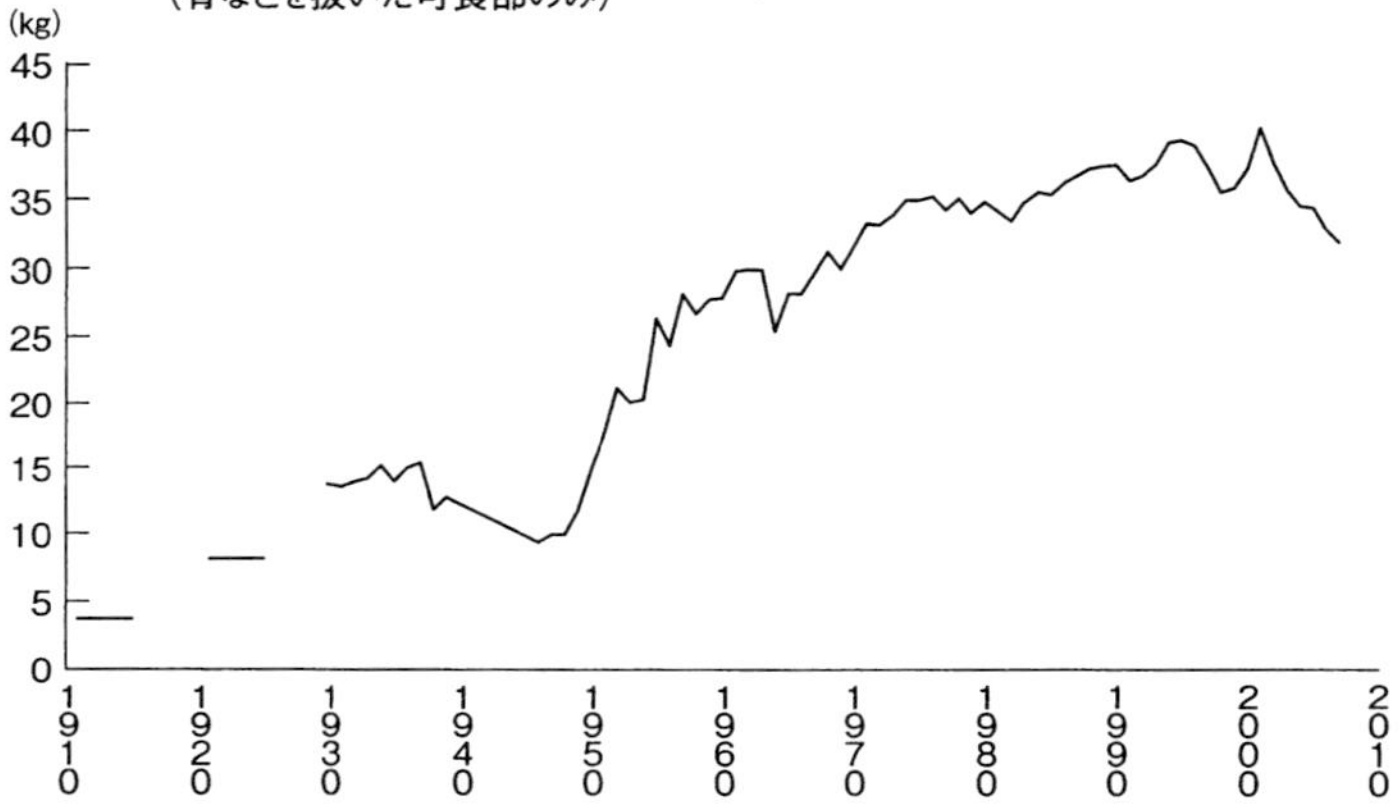

出典：農林水産省「食糧需要に関する基礎統計」、農林水産省「食料需給表」をもとに作成

地域のみで、国土の大半を占める農村地帯の住民は、魚を食べる機会が限られていました。

日本人が本格的に魚を食べ始めたのは、太平洋戦争後です。戦争に敗れた日本は、深刻な食糧難にみまわれていました。穀物すら十分に供給できない状態で、肉や卵を生産する余裕は皆無でした。国民に動物性タンパク質を供給するには、漁業以外の選択肢がなかったのです。日本は国策として、漁業を推進しました。

戦後の水産物消費の増加を支えたのが、冷蔵庫の普及です。一九五〇年代後半から、冷蔵庫が、白黒テレビや洗濯機と並ぶ「三種の神器」の一つとして、家庭に普及しました。ようやく、漁村以外でも新鮮な魚が食べられるようになったのです。冷蔵庫が普及してからも、高度経済成長期の影響で、魚介類の消費量は緩やかに増加を続け、二〇〇一年にピークに達しました。

日本人が、今のように日常的に魚を食べるようになったのは、戦後の五〇年程度の現象です。伝統文化というよりは、「戦後の魚食ブーム」と言ったほうが適切かもしれません。また、その後の水産物消費量の増加を見れば、一九七〇年代の魚離れの心配は杞憂であったことがわかります。

日本人の食生活の変遷

農林水産省がとりまとめた「食料需給表」から、水産物の国内生産量と輸入量の推移を図1-2に示しました。

一九六〇年代は、日本人が食べていたのはほとんどが国産魚でした。七〇年代中頃から、国産魚（国内食用）の生産が減少していきます。七〇年代以降は、国産魚の生産の減少を輸入で補うことで日本の食卓の魚が維持されていたのです。二〇〇〇年には、ついに輸入が、国産を追い抜きました。日本人の食卓には、国産魚よりも多くの輸入魚が並ぶことになったのです。一九七二〜二〇〇三年にかけて、国産魚の生産量が半減したにもかかわら

図1-2　水産物の国内生産量と輸入量

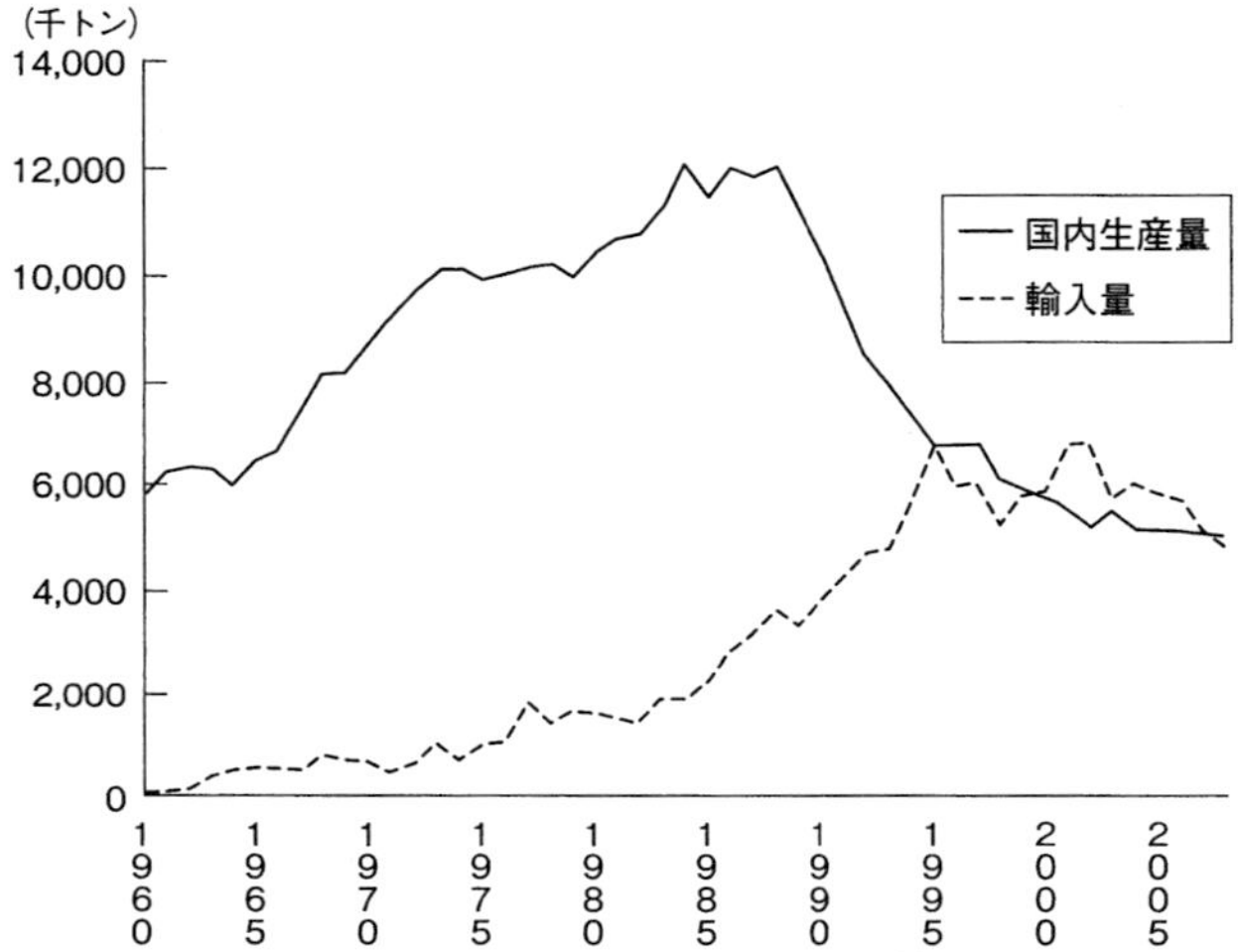

出典：農林水産省「食料需給表」をもとに作成

ず、魚介類の消費量がほぼ一定だったことから、戦後の日本の食卓における魚介類の重要性がわかります。

二〇〇二年以降、それまで日本の食卓を支えてきた輸入魚が減少に転じます。バブル時代の日本は、圧倒的な購買力を背景に、世界中の水産物を集めてくることができました。国産魚の減少を、そのまま輸入で補うことができたのです。しかし、この構図が最近は崩れています。バブル崩壊以降は、長引く不況の影響で、日本の購買力が低下しました。

その一方で、欧米先進国で、美味しく健康的な魚料理の人気が高まり、世界的に魚の値段が上昇しました。その結果、日本が魚を輸入できなくなるという事態が発生しているのです。いわゆる「買い負け現象」です。この買い負け現象については、のちほど詳しく見ていきます。

ここ数年の日本の水産物消費の減少要因は、輸入の減少です。消費者の魚離れというよりは、十分な魚を供給できていない実態が浮かび上がってきます。

日本人の食生活が、魚から肉にシフトしているという指摘はしばしば耳にしますが、データを見ると必ずしもそうとは言えません。肉の消費量は一九九〇年代前半まで増加したのち、一定の水準を保っています。「肉の消費が増えた分だけ、魚の消費が減った」というような、直接的な因果関係を見てとることはできません。十分な魚が供給できない結果として、供給が安定している肉のシェアが伸びているという印象です。

日本人は今後も魚を食べ続けられるか?

私たち日本人は、今後も魚を食べ続けられるのでしょうか。読者の皆さんも気になるところだと思いますので、少し細かく見ていきたいと思います。私たちの食卓に並ぶ魚介類は、「国産」と「輸入」に分けられます。また、国産は「天然」と「養殖」に分類することができます。そこで、「国産天然魚」「国産養殖魚」「輸入魚」の三つについて、現状を分析して将来を予測してみましょう。

国産天然魚

日本の天然魚の漁獲量は、戦後右肩上がりに増加し、一九八〇年後半に一〇〇〇万トンを超えたのち、減少に転じ、現在は約四〇〇万トンにまで落ち込んでいます。終戦直後の水準に逆戻りしているのです。

先ほども紹介したように、日本は、戦後の食糧難を乗り越えるために、国を挙げて漁業生産の増加に取り組みました。日本近海はあっと言う間に漁業者で飽和しました。過剰な漁獲能力を使って外洋の未開発漁場を開発したのです。一九五〇年代の日本漁業のスローガンは、「沿岸から沖合へ、沖合から遠洋へ」です。一九五〇年代、六〇年代の漁獲の増加は、主に遠洋漁業の海外進出によってもたらされました。世界中に漁場を広げていくことで、漁獲量を伸ばしたのです（図1-3）。

一九七〇年代に、世界各国が沿岸二〇〇海里の排他的経済水域（ＥＥＺ）を宣言しました。ＥＥＺというのは、沿岸国が、水産資源および鉱物資源などの非生物資源の探査と開発に関する排他的権利を持つ水域であり、自国の沿岸から二〇〇海里（約三七〇キロメートル）の範囲まで設定することができます。それまでは、世界各国の沿岸八海里（約一五

図1-3　日本の漁獲量

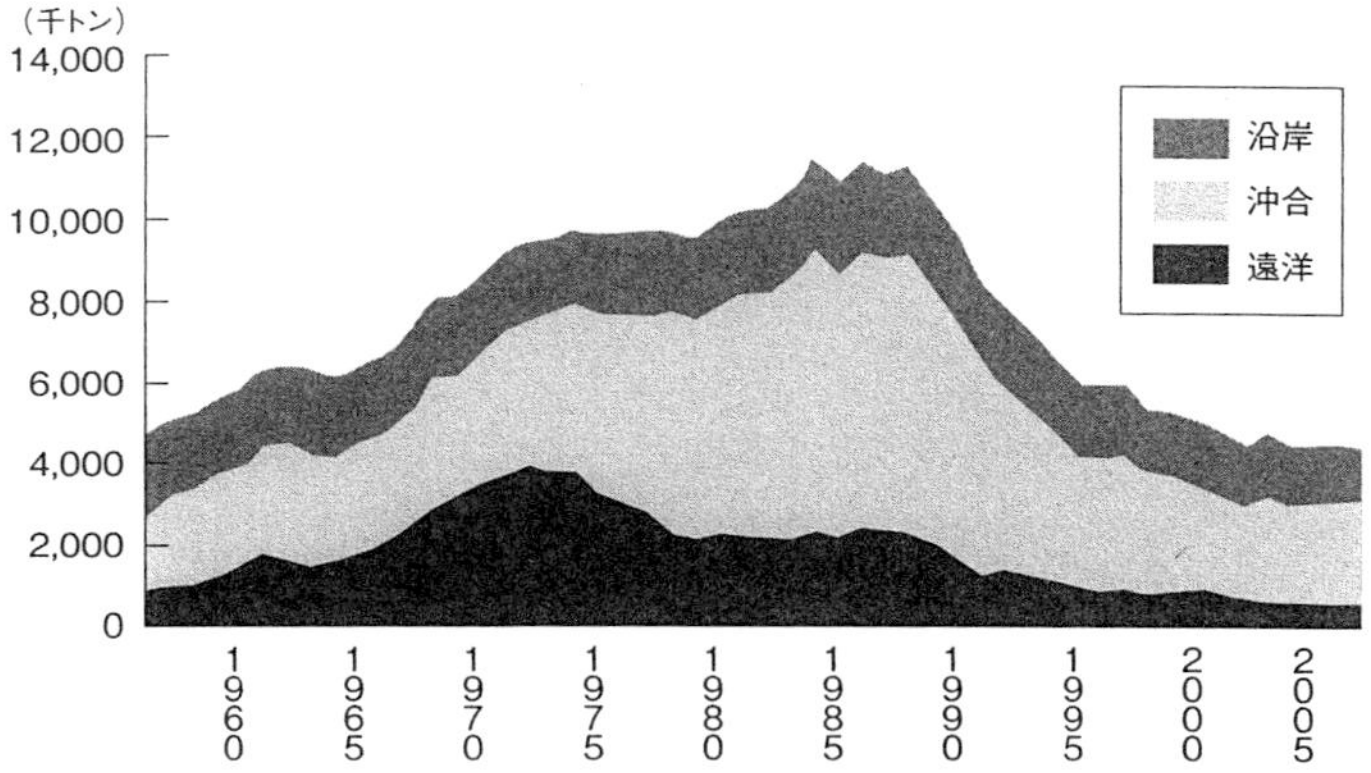

出典：農林水産省「漁業・養殖業生産統計年報」をもとに作成

キロメートル）まで自由に操業できていた日本漁船は、一気に二〇〇海里の外に押し出されてしまったのです。世界の好漁場のほとんどは、どこかの国の沿岸域に存在するため、日本漁業の膨張戦略はこの時点で終わりを告げました。以後、遠洋漁業の生産は減少の一途をたどることになります。

ＥＥＺによる沿岸国の資源囲い込みで日本漁業が構造的に行き詰まったちょうどそのとき、日本漁業に「神風」が吹きました。一九六〇年代には幻の魚と呼ばれて、ほとんど漁獲されなかったマイワシが、爆発的に増加したのです（**図1-4**）。マイワシは、ピーク時には、現在の日本の漁獲量にも匹敵する約四〇〇万トンもの水揚げを記録しました。マイワシをのぞく漁獲量は一九七二年をピーク

図1-4　日本の漁獲量（マイワシとそれ以外）

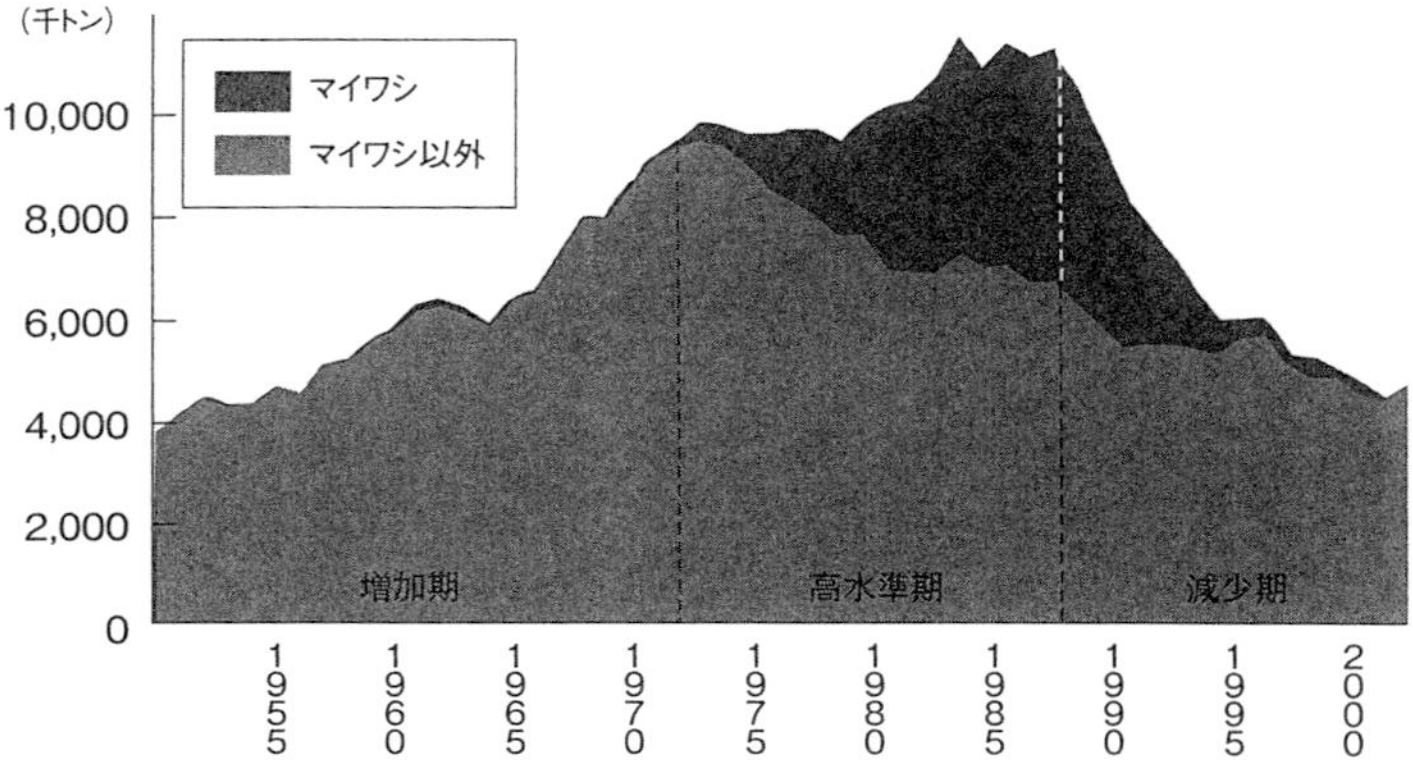

出典：農林水産省「漁業・養殖業生産統計年報」をもとに作成

にほぼ直線的に減少を続けていますが、マイワシの豊漁によって、日本の漁獲量は増加を続けました。この時代は高度経済成長・バブル期と重なり、魚の値段も右肩上がりに上昇していました。獲れば獲るだけ高く売れる、漁業者にとって幸福な時代でした。

豊漁だったマイワシも一九九〇年代に入ると激減し、現在の漁獲量は約五万トンにまで落ち込んでいます。日本の漁業生産は終戦直後の水準に逆戻りしました。そのうえ漁業を取り巻く環境は、終戦直後とは比較にならないほど厳しくなっています。六〇年前とは桁違いの性能を持つ漁船を駆使しても、当時よりも少ない魚しか獲れないのです。

漁獲量の総量のみに着目すると、一九九〇年代に入って、いきなり漁業の衰退が始まったように見えますが、実はそうではありません。マイワシの豊漁の陰に隠されて誤解されることが多いのですが、マイワシ以外の漁獲量は一九七〇年代から減少しています。七〇年代から、すでに日本漁業は構造的に行き詰まっていたのです。そして、三〇年以上経った今も、過剰漁獲という構造的な問題は、何も解決していません。

最近の漁獲量の減少傾向をそのまま引き延ばすと、二〇三〇年に漁獲量がゼロになってしまいます（**図1-5**）。もちろん、日本にもきちんと管理されている漁業は存在するので、まったくのゼロにはならないと思いますが、管理が不十分なほとんどの漁業は、消滅の危機に瀕しているのです。抜本的な構造改革をしない限り、国産魚の減少は歯止めがかからないでしょう。

国産養殖魚

次に、国産養殖について見ていきましょう。一九七〇年代以降の日本の水産政策のキャッチフレーズは、「とる漁業からつくる漁業へ」でした。自然の生産力に応じて、漁獲量を減らすのではなく、自然の生産力を人為的に増やそうという発想に基づき、「つくり育てる漁業」に予算を重点配分してきました。対外的には、日本の養殖は成功していることになっており、最近はクロマグロの完全養殖への期待が高まっています。しかし、高い期待

図1-5　国産食用の水産物生産量

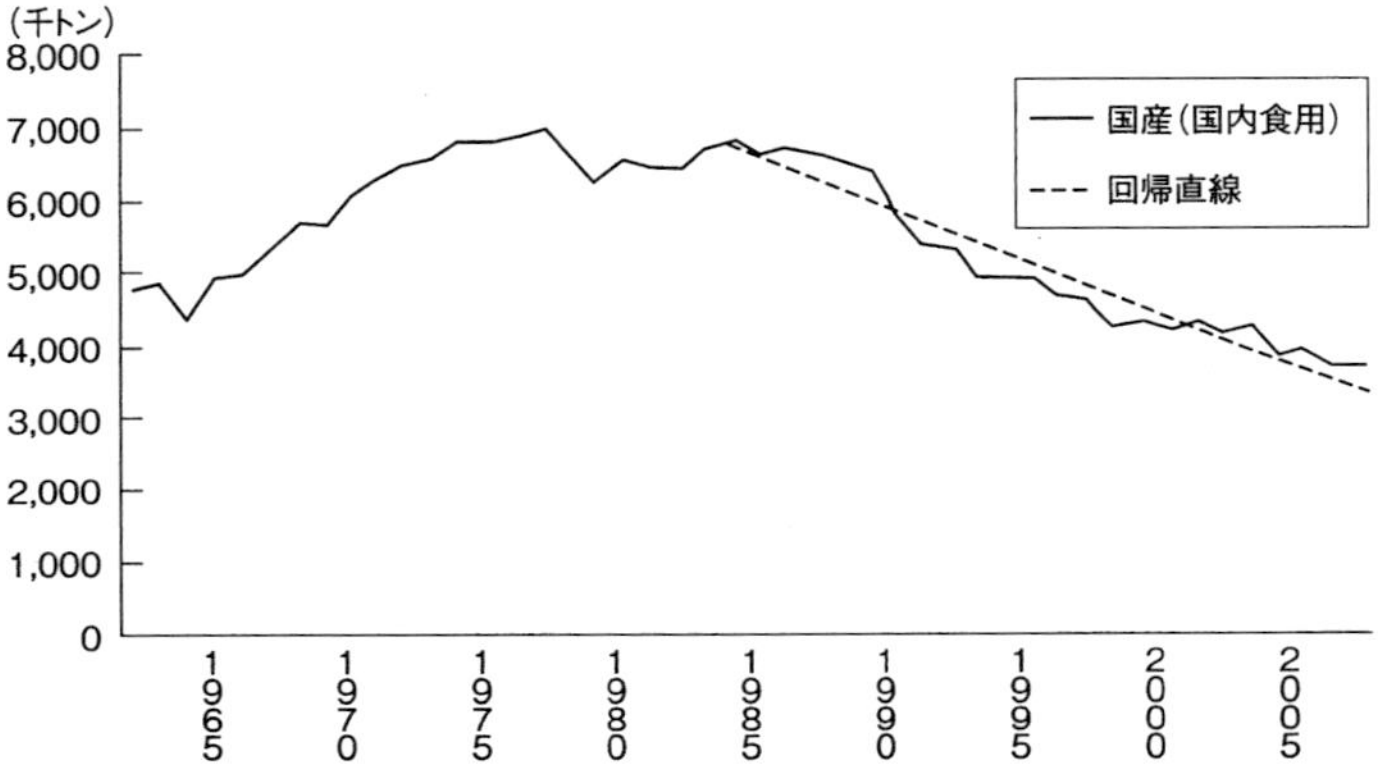

出典：農林水産省「食料需給表」をもとに作成

とはうらはらに、日本の養殖業はビジネスモデルとして破綻しているのが実情なのです。

世界の養殖生産量は二〇〇二年の一二六〇万トンから、二〇〇六年の一七二〇万トンに増加しました。毎年八パーセントの割合で、急成長を続けています。対照的に、日本の養殖生産量は二〇〇二年の一三三万トンから、二〇〇六年の一一八万トンへと減少しました。生産金額で見ても、日本の養殖業は一九九一年の六四〇七億円をピークに減少に転じ、二〇〇四年には四三四三億円まで減少しています。現在でも、国内の養殖業者の経営は大変厳しく、廃業が相次いでいます。日本では、高齢化による漁業者の減少が社会問題になっていますが、実は養殖業者のほうが、漁業者よりも減少しているのです。日本の養殖生産の現場では、いったい何が起こっているのでしょうか。

無給餌養殖と給餌養殖

養殖は、人間が餌を与える必要があるかどうかで、大きく二つに分類できます。餌を与えないのが無給餌養殖で、与えるのが給餌養殖です。コンブやノリは光合成を行います。ホタテやカキは海水中のプランクトンをこしとって食べます。これらの生物は、生育に適した定着場所を人間が準備すれば、餌を与えなくても勝手に育ってくれるのです。環境負荷が小さく手間もかからないことから、これらの生物については、天然から養殖への転換が着実に進んでおり、今後も安定した生産量が期待できそうです。

一方、魚類・イカ類・エビ類・カニ類は、人間が餌を与える必要があります。実は、養殖魚を生産するには、その何倍もの餌が必要になります。たとえば、一キログラムのハマチ（ブリ）を生産するには、五~九キログラムの餌が必要になります。クロマグロを一キログラム生産するには、なんと一五キログラムもの餌が必要になるのです。餌となるのは、小型のサバなどのような天然魚です。養殖魚の生産には、その何倍もの天然魚が必要なのですから、養殖魚は天然魚の代替になりません。養殖は、安価な大量の天然魚を前提に成り立つ贅沢産業なのです。日本が国を挙げて取り組んできたにもかかわらず、給餌が必要な養殖の生産量は、天然の漁獲量の五パーセントにすぎません（図1-6）。

また、養殖の中身が特定の魚種に偏っていることにも注意が必要です。ブリとマダイの二魚種で、日本の魚類養殖生産量の約九割を占めています（図1-7）。大量生産の技術が確立された魚種は限られています。そういった魚種にしても、経営は厳しく、ほとんど利益が出ていないのが現状なのです。多様性という面から見ても、養殖魚は天然魚の代替にはなりません。

養殖の餌も輸入頼み

日本の養殖業の発展は、豊富なマイワシ資源に支えられていました。一九七〇年代、八〇年代のマイワシ豊漁期には、ただ同然の価格で、いくらでも餌が手に入ったのです。このような恵まれた条件のもと、ブリやマダイの養殖は日本中に広がっていきました。日本の餌料消費量は、マイワシバブルが崩壊する一九八九年まで増加の一途をたどったのです。

養殖魚の餌となる水産物由来の飼料の国内生産と輸入量をまとめたのが図1-8です。一九八〇年代は、マイワシの豊漁によって、輸出をするほど養殖魚の餌が豊富に生産できたのです。九〇年代になってマイワシが激減すると、国内の餌料生産も激減し、輸入に依

図1-6　日本の魚類・イカ類・エビ類・カニ類の生産量（養殖と天然）

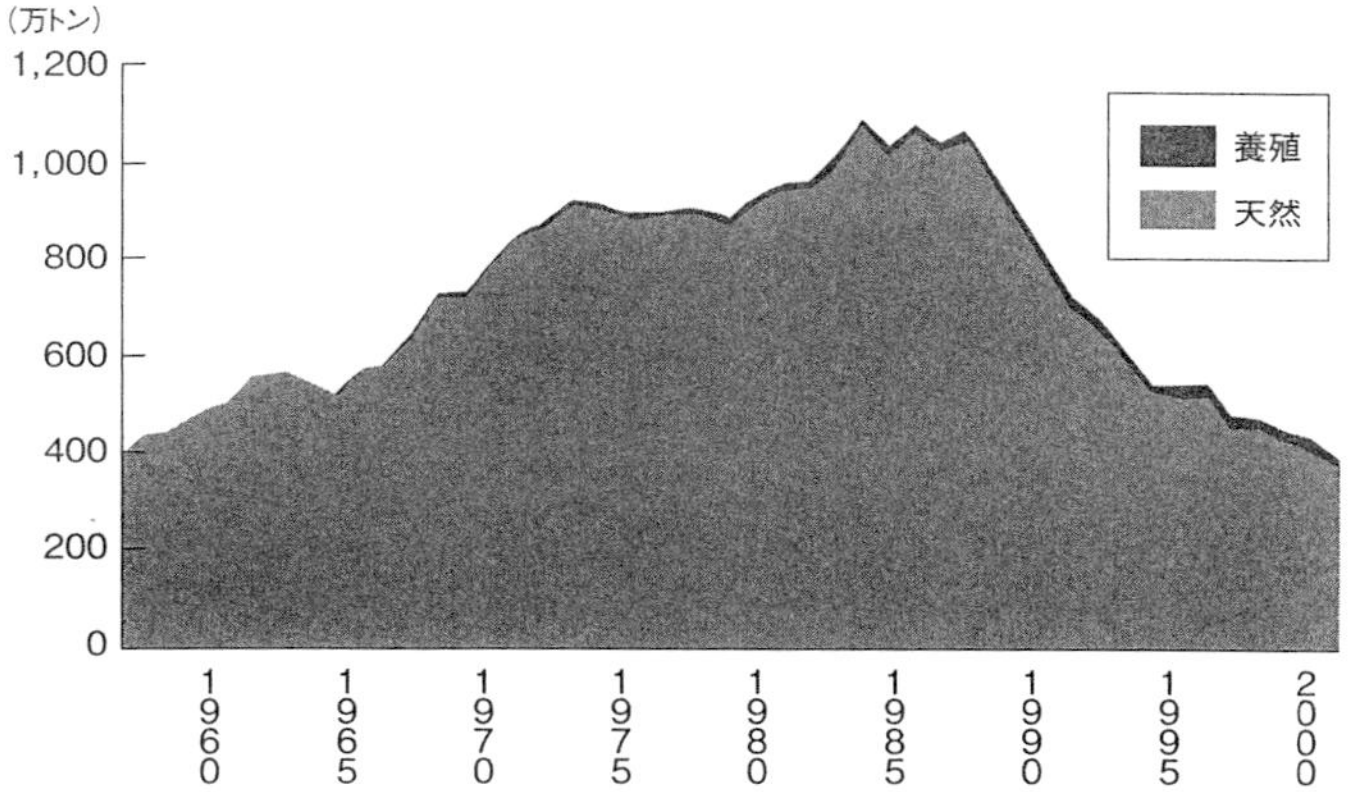

出典：農林水産省「漁業・養殖業生産統計年報」をもとに作成

図1-7　日本の魚類の養殖生産量

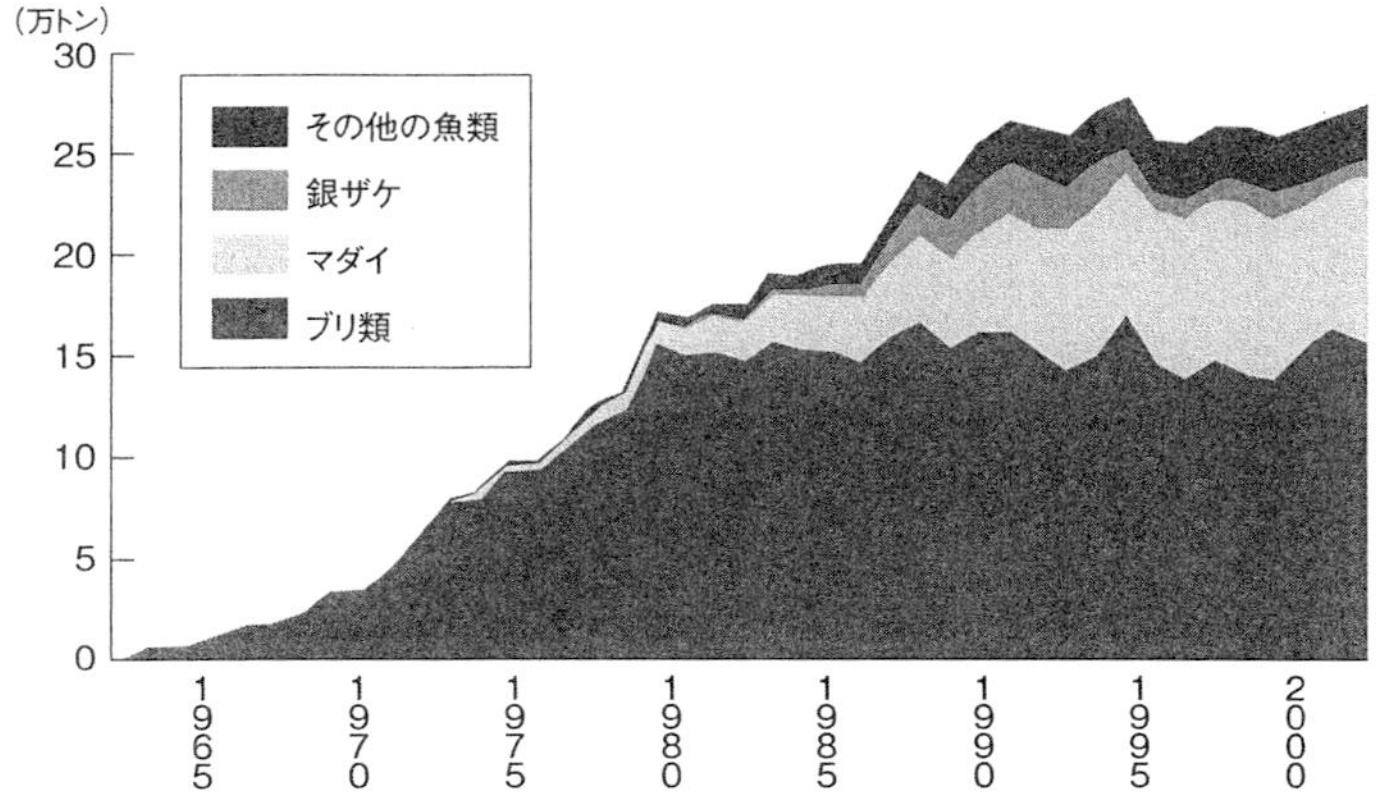

出典：農林水産省「漁業・養殖業生産統計年報」をもとに作成

図1-8　水産物由来の飼料の国内生産量と輸入量

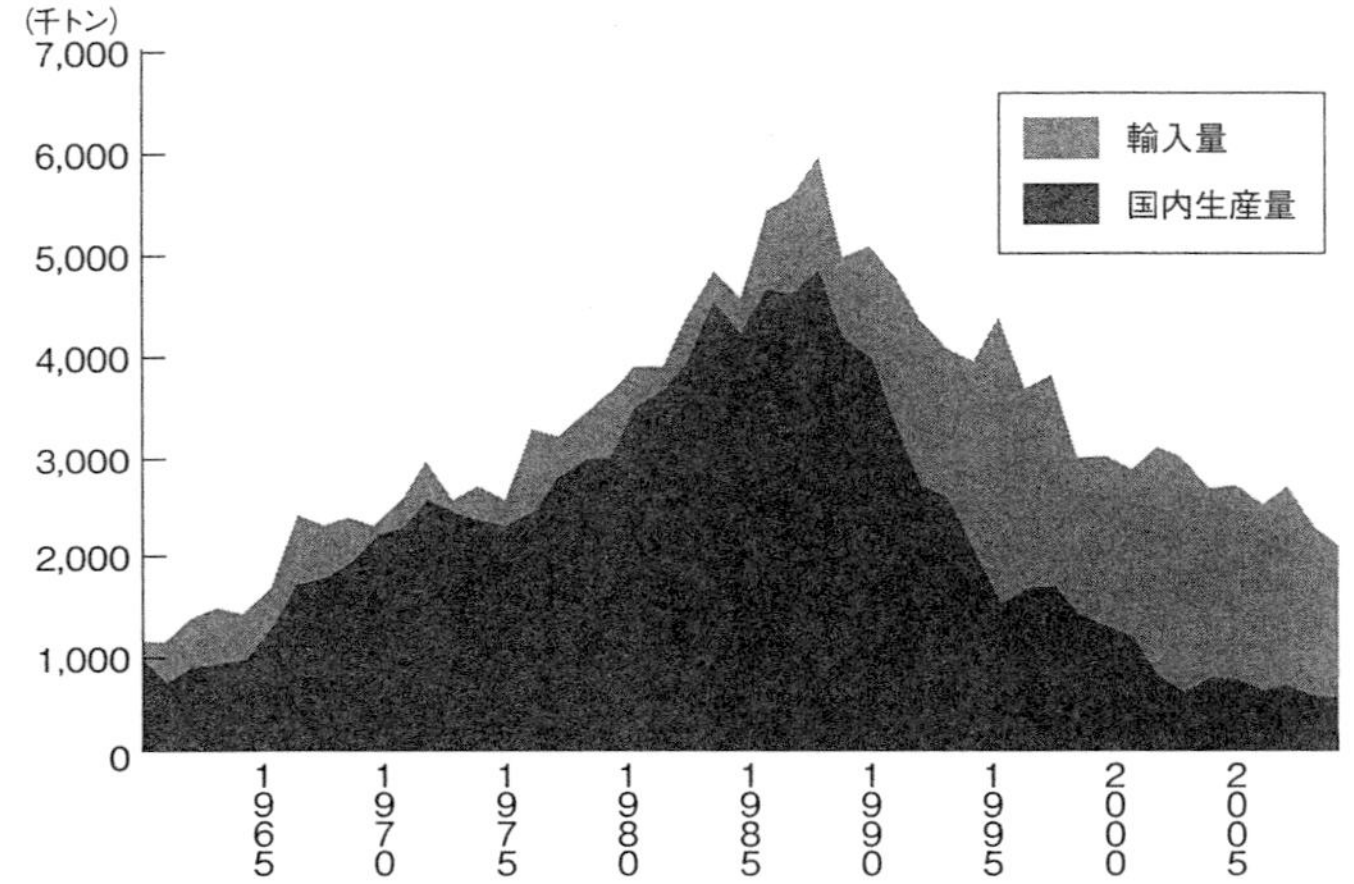

出典：農林水産省「食料需給表」をもとに作成

存するようになりました。現在、養殖の餌の自給率は重量ベースで二七パーセントにまで低下しています。国産の養殖魚を一キログラム食べれば、海外の魚粉を七キログラム消費する計算になります。つまり、国産の養殖魚の生産を増やせば、それだけ海外の漁業への依存度が高まるのです。

養殖魚の餌となる魚粉でも、日本の買い負けは顕著になっています。現在、輸出できるほど魚粉を生産できる国は限られており、世界の魚粉の取引量は一九九三年をピークに減少傾向にあります。近年、中国が豚の飼料として大量の魚粉を輸入するようになりました。EUと中国の魚粉争奪戦が繰り広げられ、取引価

図1-9　世界の魚粉の取引量と取引価格

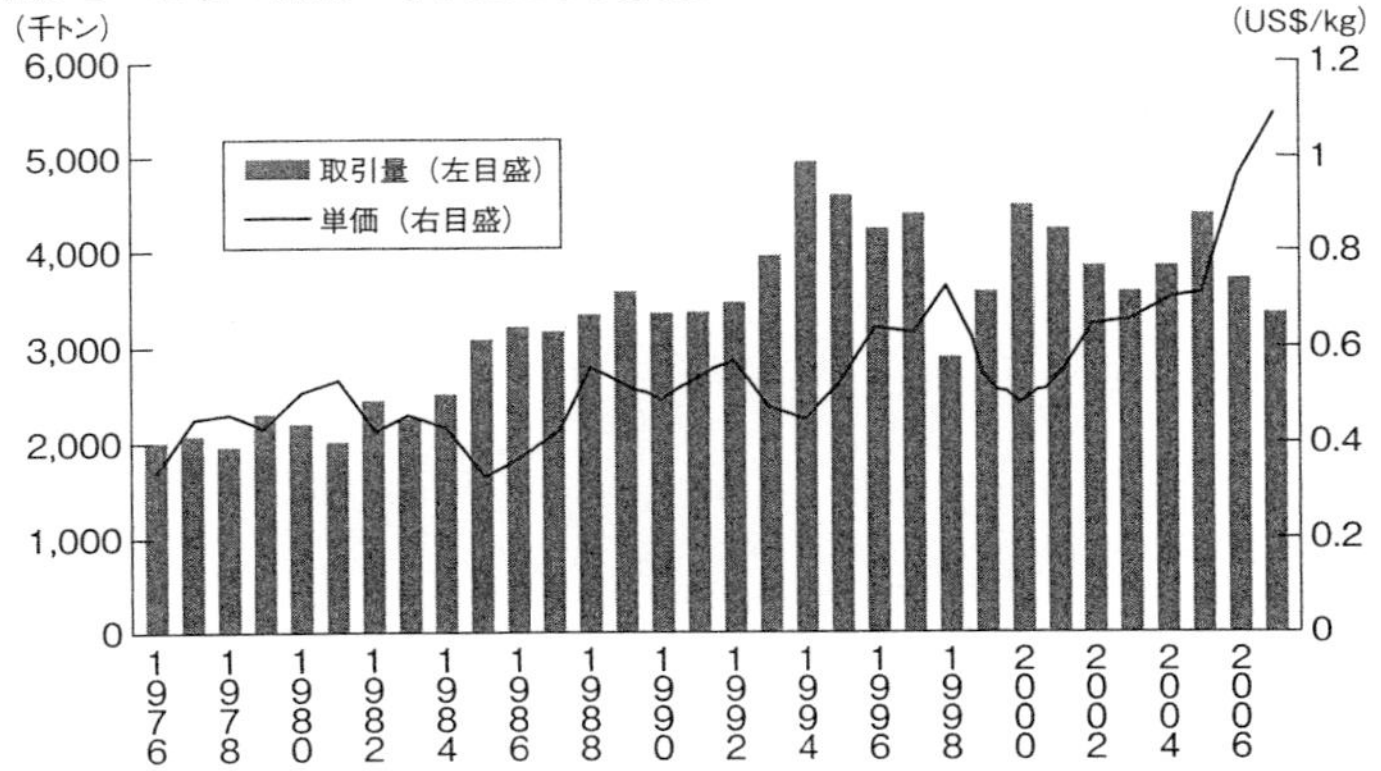

出典：FAO FishStatをもとに作成

格も二〇〇六年以降、高騰が続いています（図1-9）。国内では養殖の餌になるような資源はことごとく減少しています。餌の問題を解決しない限り、日本の養殖生産は、現状維持も難しいでしょう。

種苗放流

種苗《しゅびょう》放流とは、卵を孵化して、人工的につくった稚魚（種苗と呼びます）を、海に放流する行為です。「つくり育てる漁業」の一環として推進されてきた、種苗放流についても検証してみましょう。

一九七二年に、田中角栄首相が日本列島改造論を唱え、全国で公共事業が活発化し、沿岸の埋め立てが進みました。埋め立てによる産卵場の喪失を補うために、人工の種苗を大量に海に放流することになりました。このような時代背景から、日本は大量の種苗を生産する技術を、国策として採算度外視で開発しました。食料安定供給が大義名分でしたが、あとから考えると、安易な沿岸開発を促し、日本の漁業生産が減少する遠因になったように見えます。種苗放流実績は、高度経済成長期を通して増加しましたが、バブル崩壊後の国家財政難により、近年は減少傾向にあります。

養殖魚の種類が限られていることと同様に、種苗放流が行われている魚種も限られています。これは、種苗を大量生産する技術が確立できた魚種が限られているためです。魚類の種苗放流の放流数は、一位がヒラメで、二位がマダイです。この二種で、日本の種苗放流数全体の六割を占めています。

では、ヒラメの種苗放流を増やした結果、漁獲量はどの程度増えたのかというと、実は、あまり増えませんでした。逆に二〇〇〇年からは放流量が減少傾向にありますが、漁獲量が減る気配はありません。ヒラメの漁獲量は日本の漁業生産の〇・一パーセント程度にすぎません。公的資金を使って、採算度外視で五〇〇〇万尾も放流したにもかかわらず、漁獲量に変化は見られませんでした。海洋生態系は「人口種苗をまけば、いくらでも漁獲は増える」というような単純なものではないということが、よくわかります（図1-10）。

図1-10　ヒラメの種苗放流実績と漁獲量

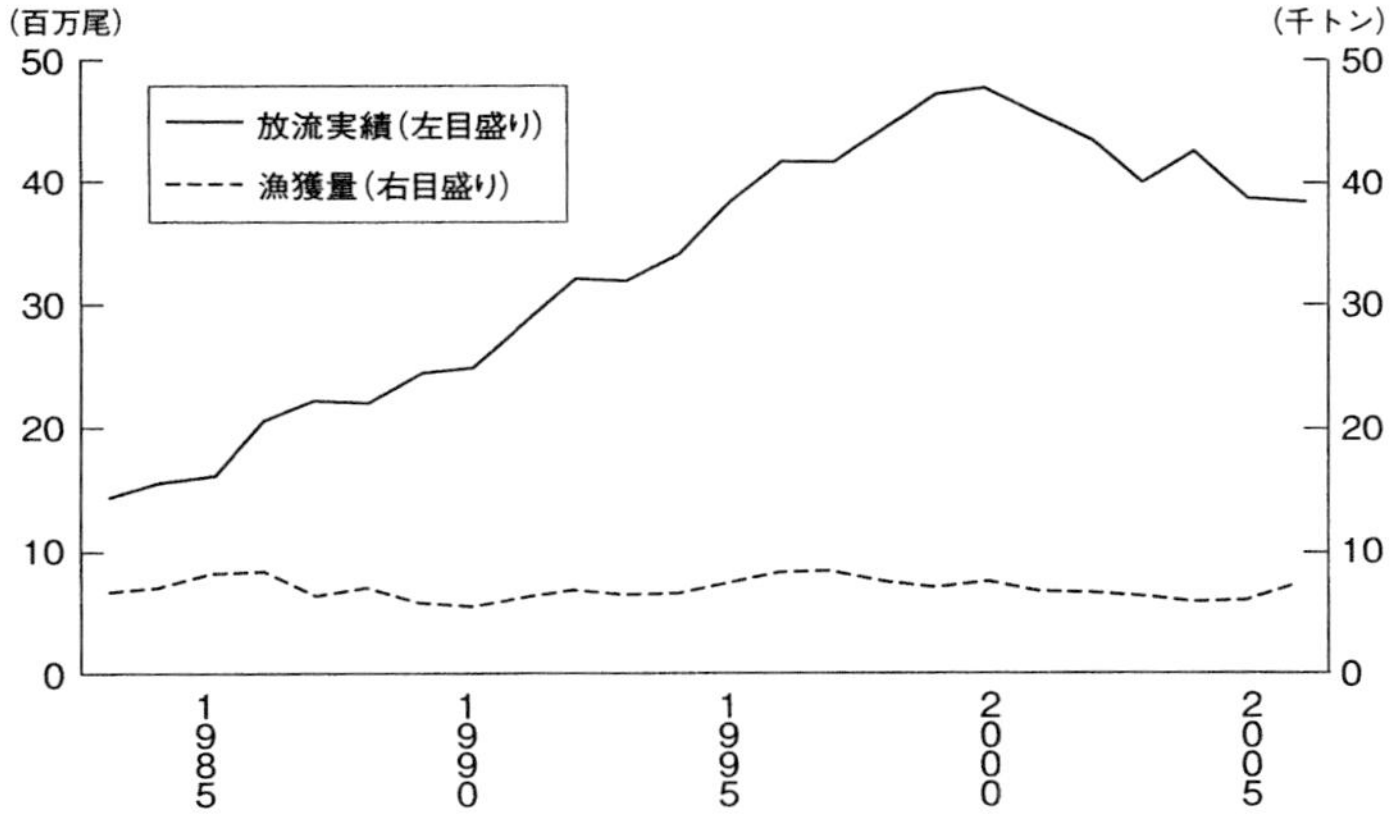

出典：全国豊かな海づくり協会「栽培漁業生産、入手・放流実績」をもとに作成

輸入魚頼みの日本の食卓

国産魚の不足を、海外から輸入することで、日本の食卓は維持されています（6ページ図1-2参照）。その依存度は高度経済成長期を通して高まり、二〇〇〇年には、輸入が国内生産を上回りました。我々の食卓は、海外の漁業に依存しているのです。

世界の漁業・養殖生産は一九九〇年からほぼ横ばいとなっています（図1-11）。海外では、「世界の漁業は危機的状況である」としばしば言われるのですが、日本よりもよほど健全な状態です。では、今まで通り、我々日本人が好きなだけ魚を輸入できるかというと、そうではありません。水産物への需要が

図1-11　世界と日本の漁獲量

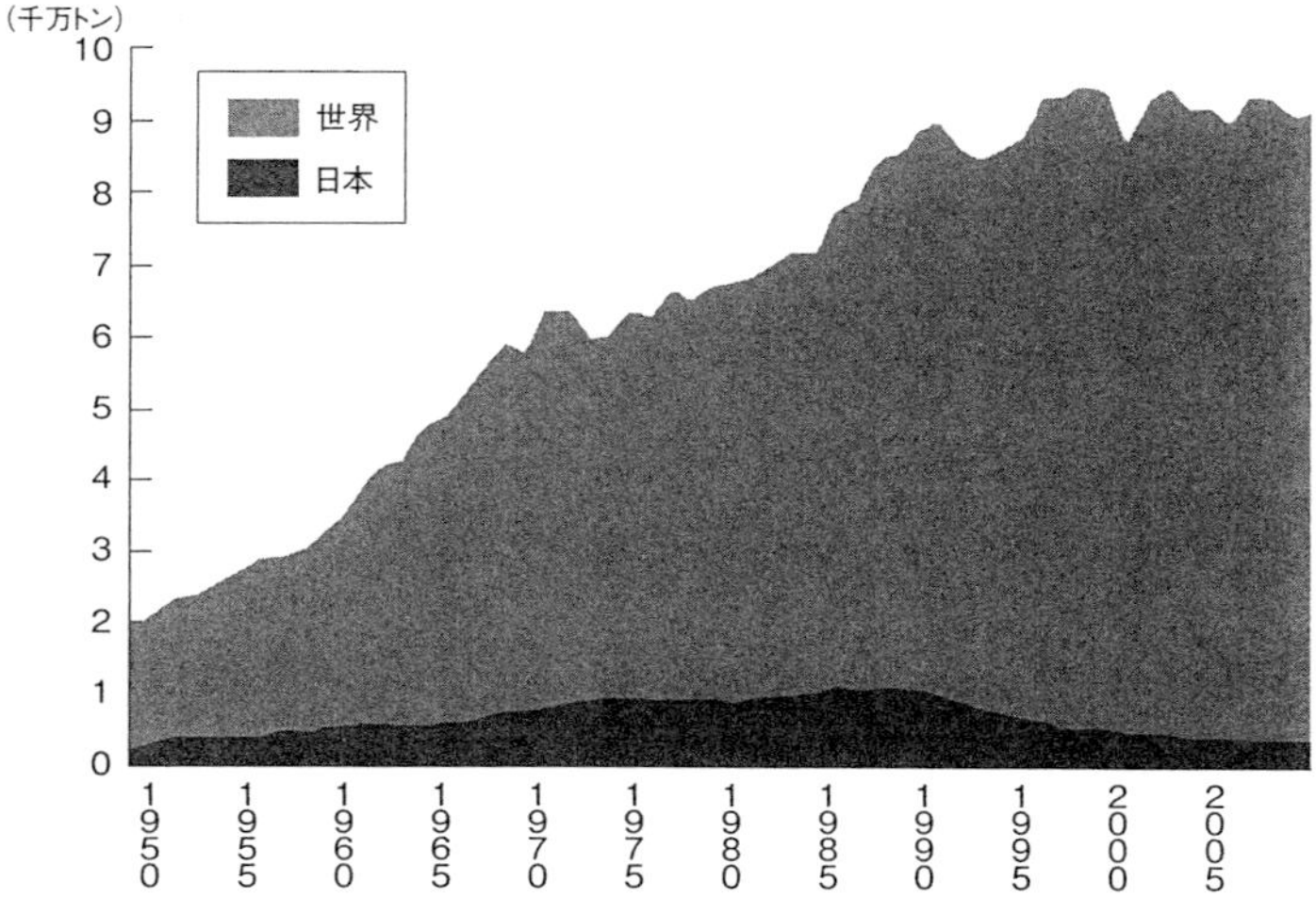

出典：FAO FishStatをもとに作成

世界的に高まり、価格が高騰しているからです。

　国際連合食糧農業機関（ＦＡＯ）の統計によると、水産物の消費量の世界平均値は、一九六〇年の一人あたり年間八キログラムから、最近は年間一六キログラムまで増加しました。ＦＡＯでは、骨や頭など食べられない部分も含めて消費量を計算しています。ＦＡＯの統計に換算すると、日本人一人あたりの年間の水産物消費量は、六〇キログラムです。日本人は世界平均の四倍近くの水産物を消費しています。ＦＡＯによると、世界の水産資源の多くは、自然の生産力と漁獲量が釣り合った状態にあり、これ以上漁獲量を増や

図1-12　年間1人あたりの水産物の消費量

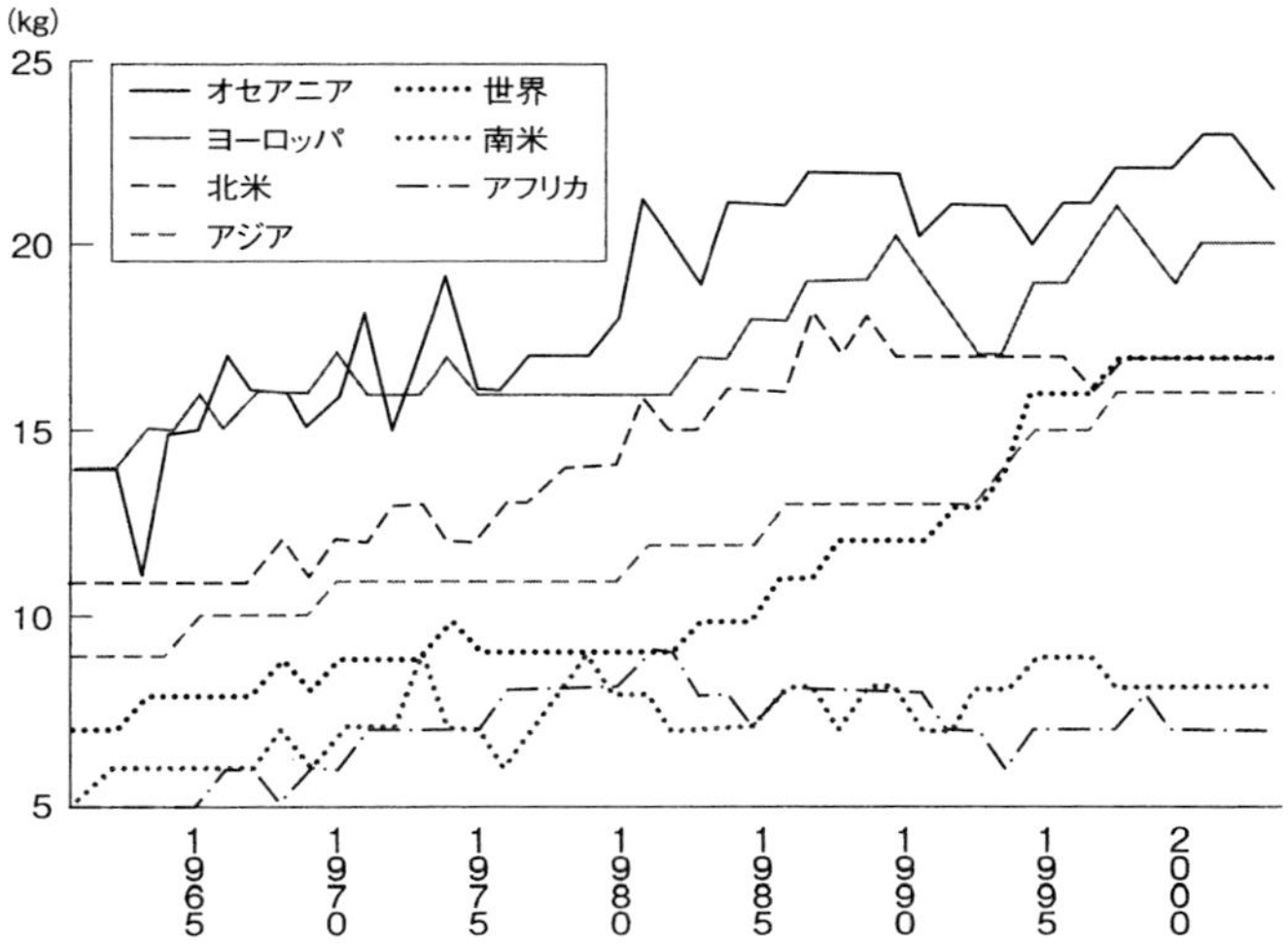

出典：FAO FishStatをもとに作成

す余地はありません。世界中のすべての人が、日本人と同じ量を食べるほど、魚は存在しないのです。

地域別の水産物消費量のトレンドを見てみると、ヨーロッパ・北米・アジアなど、経済的に発展した地域での消費量が増加している一方で、南米やアフリカなど、貧しい地域の水産物消費は、低位横ばいです（図1-12）。南米・アフリカの水産物を輸入することで、欧米やアジアの裕福な国の食卓が支えられているのです。

世界の主要水産物輸入国（金額上位八カ国）の輸入単価（輸入金額／輸入量）を図1-13に示しました。

図1-13　主要水産物輸入国の輸入単価

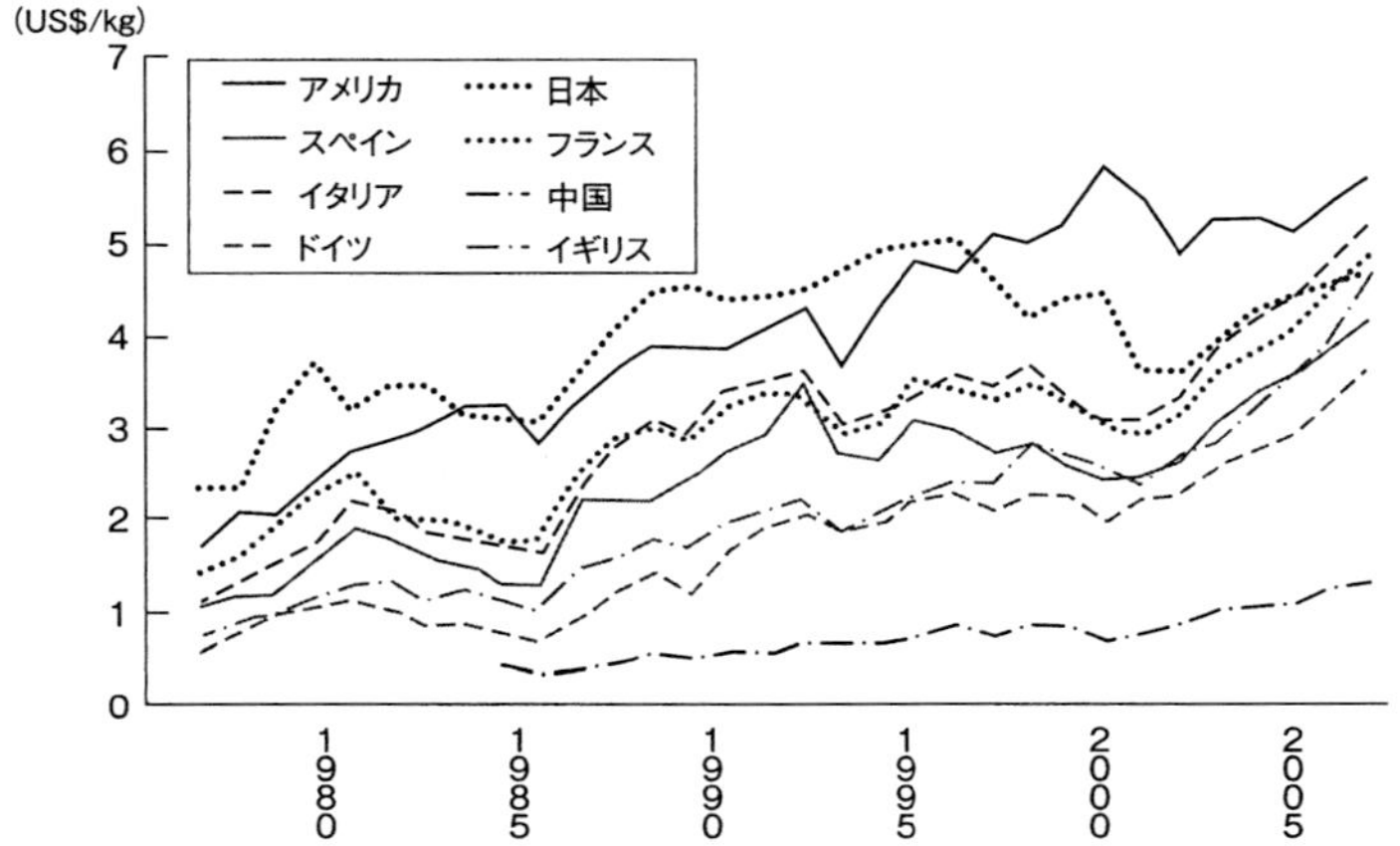

出典：FAO FishStatをもとに作成

高度成長期、バブル期を通して、日本の輸入単価は世界一でした。今から二〇年ほど前の一九九〇年頃までは、欧米先進国における水産物の地位は低く、肉の下位代替品という位置づけでした。購買力のあるライバルが存在しなかったのです。バブル期までの日本は、圧倒的なプライスリーダーであり、世界の水産物輸出国は、いかにして日本に売りこむかに血道を上げていました。黙っていても、世界中から水産物が、日本に集まってきたのです。

　近年、購買力のある欧米先進国が水産物争奪戦に加わったことで、この構図が一変しました。日本の輸入単価は、バブル崩壊後に低迷し、一九九八年に首位の座をアメリカに明け渡しました。その後も、日本の

図1-14　水産物輸入量

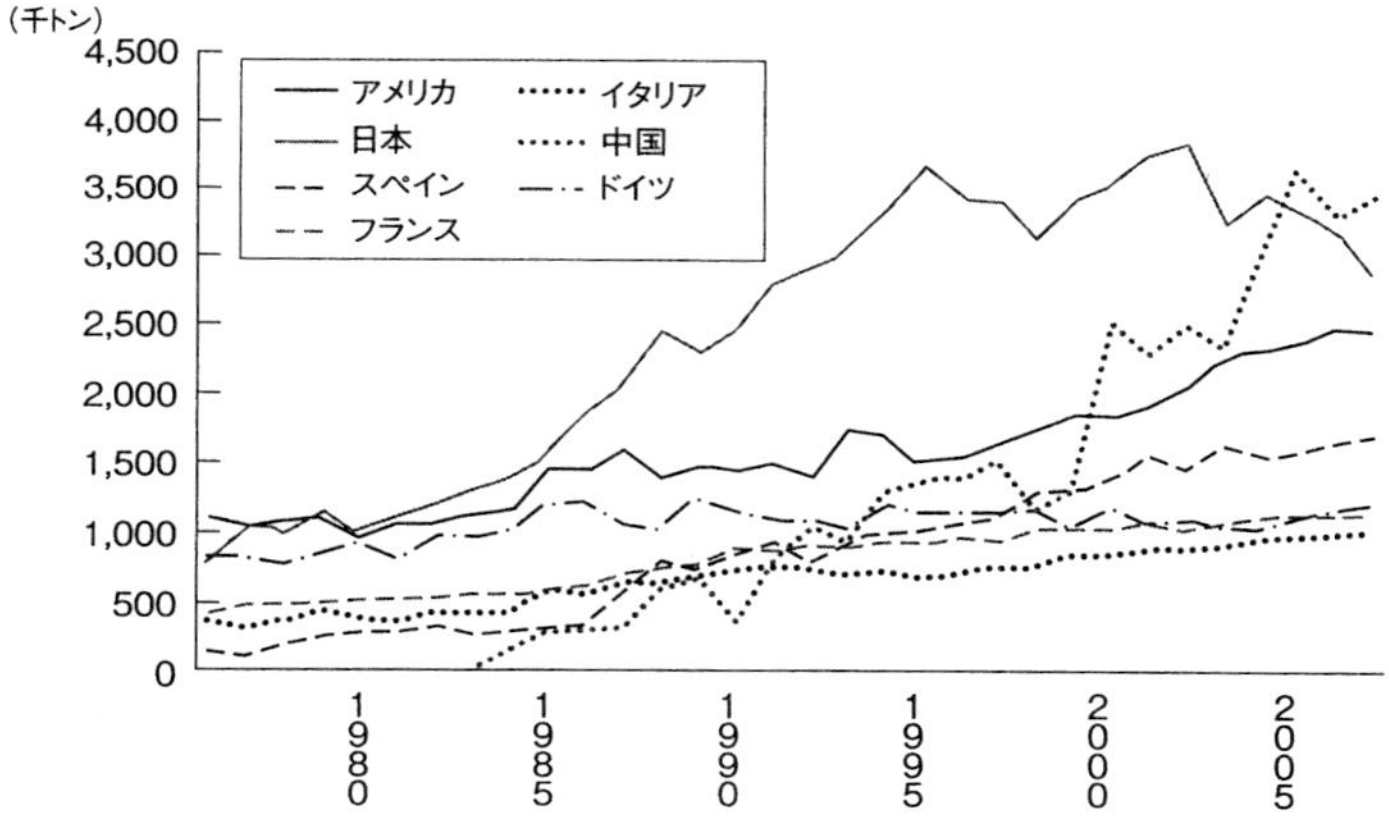

出典：FAO FishStatをもとに作成

輸入単価は下落を続けたのですが、もともとの単価がヨーロッパよりも高かったので、しばらくは魚を確保することができました。ところが、二〇〇二年に輸入単価がヨーロッパに追いつかれると、それ以上は魚を値切れなくなりました。結果として、二〇〇二年以降、日本の輸入単価は再び上昇に転じています。

不況で国内の購買力が落ちた状況で、水産物の世界価格が上昇すれば、当然のことながら輸入量が減少します。二〇〇〇年以降、欧米諸国がコンスタントに輸入を伸ばす反面、日本の輸入量が激減しています（図1-14）。中国が急激に輸入量を増やしているのですが、輸入魚の単価を見ると日本と異なる価格帯の魚を消費していることがわ

図1-15　成田空港の水産物の輸入量と輸入金額

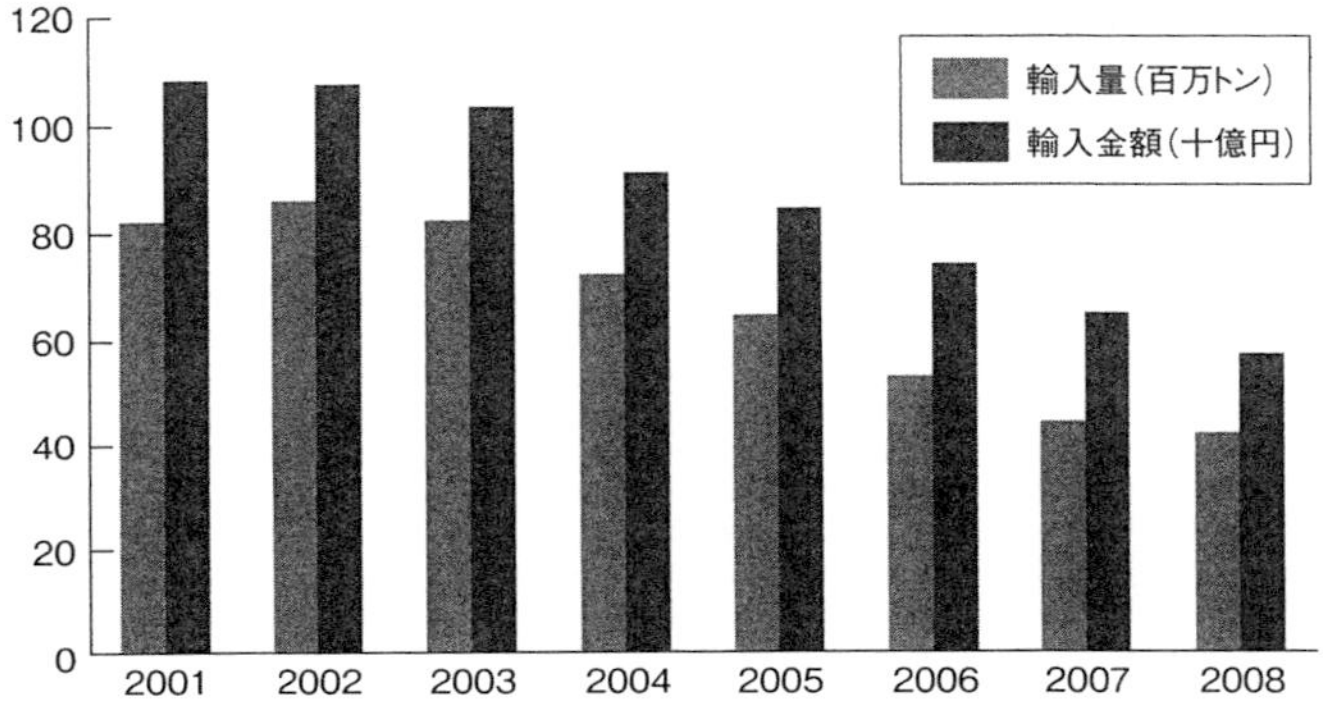

出典：東京税関「貿易年表」をもとに作成

かります。かつては養殖の餌にしかならなかった低価格の魚が、中国に食用として大量に輸出されているのです。

輸入魚の中でも、価格が高いプレミア品は、飛行機で日本に運ばれます。アメリカから航空機で運ばれてくる「ジャンボマグロ」などが有名です。高級魚の輸入動向は、最大の玄関口である成田空港のトレンドから把握できます。成田空港における水産物輸入取扱額は、一九九四年は一四一四億円でした。近年は毎年減少し続けており、二〇〇八年は五六一億円と九四年の四割程度になっています（図1-15）。

日本の輸入量の減少の背景には、国際価格の高騰による買い負けがあります。日本は、すでにプライスリーダーではなく、単なる一輸入国にすぎないのです。もし円の価値が、ドルやユーロに対して下落すれば、輸入は激減するでしょう。日本の水産物バイヤーは、世界中から必死に魚を集めていますが、魚の価値が世界的に上がってしまった以上、今までのように魚を確保するのは不可能です。

日本の水産物供給は危機的状態

この章では、①国産天然魚、②国産養殖魚、③輸入魚について、現状と将来を分析しました。日本の漁獲量は減少の一途をたどっています。公的資金を湯水のように投入した「つくり育てる漁業」は、まったくの期待外れでした。頼みの綱の輸入も、世界中で水産物の争奪戦が繰り広げられており、これから減ることはあっても、増えることはないでしょう。世界の水産物の需要は伸び続けています。魚を好きなだけ輸入できる時代は、とうに終わりを告げているのです。国産魚の減少を、輸入魚で補うという今までのやり方を、根本的に見直す必要があります。世界の水産物需要が今後も高まることを前提に、必要な水産物を自給自足するための国家戦略の構築が急務なのです。

第二章　日本漁業の現状

どうして日本の魚は減っているのか？

日本の漁獲量は激減しています。魚群探知機やソナーなどの技術革新によって、人間の漁獲能力は日進月歩ですが、それでも漁獲量は増えません。獲りたくても、魚がいないのです。

農林水産省は、平成二二（二〇一〇）年度に「食料・農業・農村及び水産資源の持続的利用に関する意識・意向調査[1]」を実施しました。この調査の中で漁業者に、最近の水産資源の状況について、どのように感じているか質問したところ、「資源は減少している」と回答した者の割合がもっとも高く（八七・九パーセント）、次いで、「資源は変わらない」（八・九パーセント）、「分からない」（二・六パーセント）、「資源は増加している」（〇・六パーセント）でした。九割近くの漁業者が資源の悪化を実感しているのです（図2-1）。

「資源は減少している」と答えた漁業者に、資源が減少している原因を質問したところ「水温上昇等の環境変化により、資源が減少している」と回答した者の割合がもっとも高かった（五一・五パーセント）のですが、次いで約三〇パーセントが乱獲を原因として挙げています（図2-2）。

なぜ、日本近海から魚がいなくなってしまったのでしょうか。よく言われるのが、①地球温暖化、②中国船・韓国船の乱獲、③クジラ食害です。これらの要因について、少し考えてみましょう。

図 2-1　我が国周辺海域の水産資源の状況の認識について

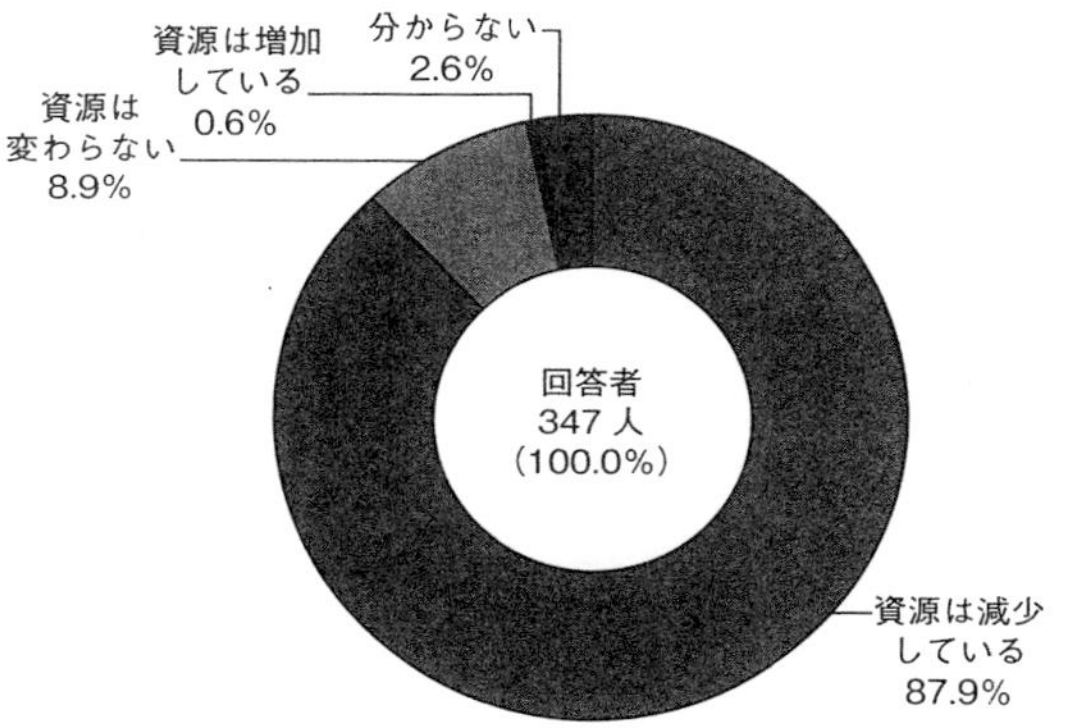

出典：農林水産省「食料・農業・農村及び水産資源の持続的利用に関する意識・意向調査」をもとに作成

図 2-2　資源が減少している原因について

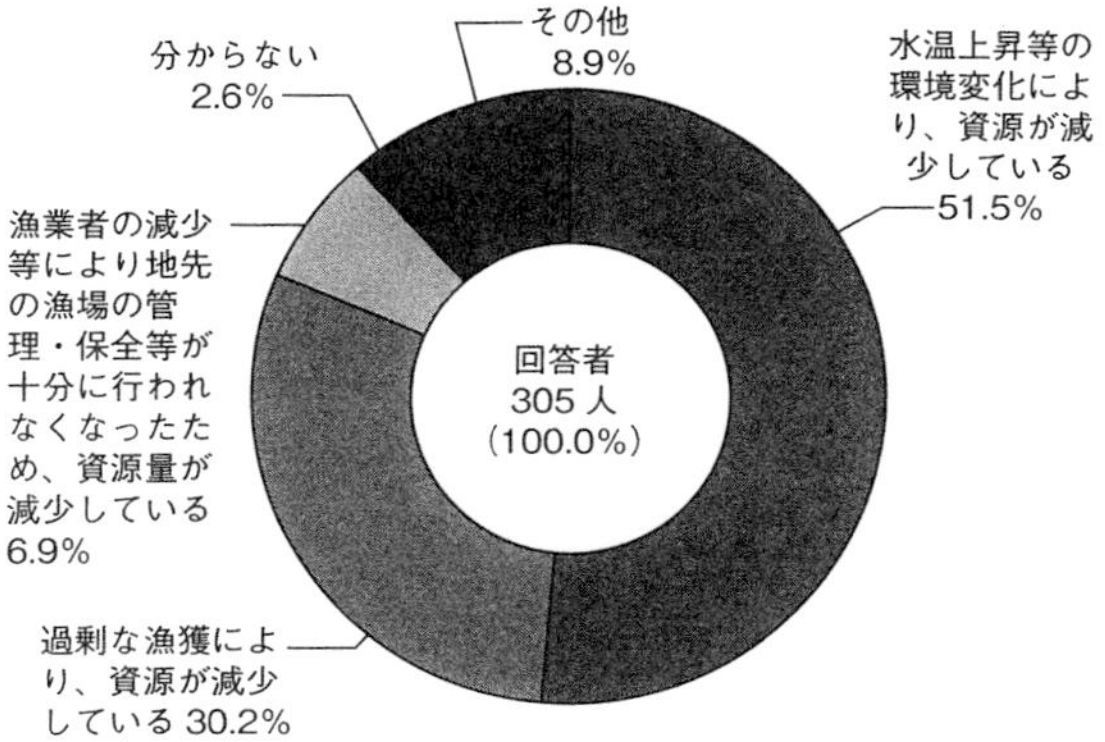

出典：農林水産省「食料・農業・農村及び水産資源の持続的利用に関する意識・意向調査」をもとに作成

①地球温暖化説

漁業資源の減少の理由として、地球規模での温暖化の影響が取りざたされています。筆者は地球温暖化自体に異論を述べるつもりはありません。水温の変化が、水産生物の分布や増減に影響を与えることは広く知られています。だからといって資源が減少するとは限りません。水温が上がれば、寒流系の魚の資源量が減少するかもしれませんが、逆に暖流系の魚の資源量は増えるはずです。日本近海のように資源全体が減少するような現象は、温暖化では説明できません。

世界の中で、日本のように漁業生産を激減させている国はほとんどないことにも注意が必要です。主要漁業国の一九七七年と二〇〇七年の漁獲量を比較してみると、大幅に漁獲を減らしているのは日本とノルウェーぐらいです（**図2-3**）。ノルウェーの漁獲量が減っているのは、資源管理を徹底して、漁獲量を厳しく制限しているのが理由であり、魚の量は一九七〇年代の二倍以上の水準に回復しています。まともな漁獲規制がないにもかかわらず漁獲量が激減している日本とは、事情が異なります。地球温暖化が原因で、日本の魚のみが減少するとは考えられません。

②中国船・韓国船の乱獲説

図2-3　1977年と2007年の世界の主要な漁業国の漁獲量の比較

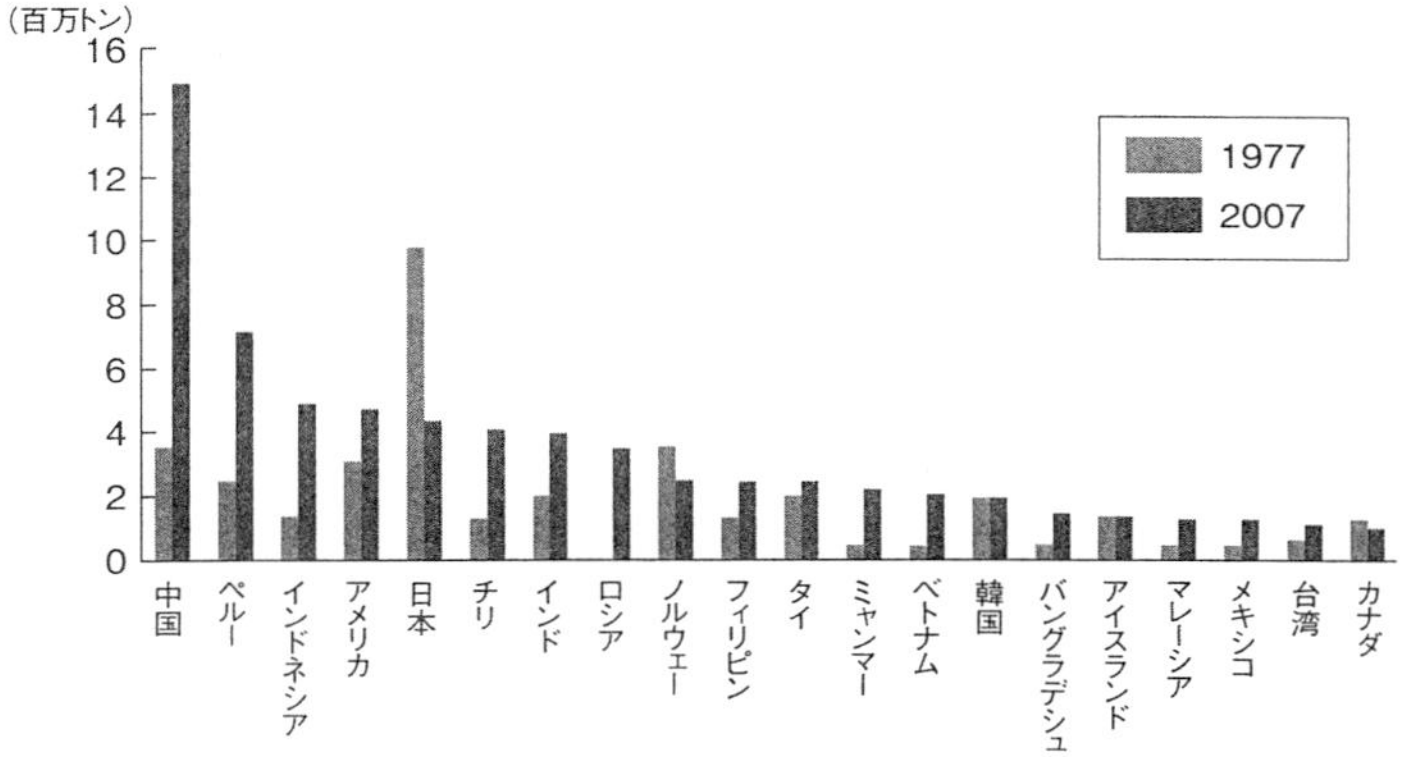

出典：FAO FishStatをもとに作成

中国船・韓国船の違法操業は、これらの国と国境を接している北九州、山口県などの離島漁業には大きな打撃を与えています。しかし被害は局所的に集中しており、日本全国が被害を受けているわけではありません。たとえば日本の太平洋側では中国船・韓国船は操業していませんが、日本海側と同様に、太平洋側の資源も減少しています。

また、違法漁業の対象魚種も限定されています。海上保安庁が目を光らせていますから、日本の沿岸近くまで外国の大型船が入ってきて、資源を根こそぎ獲るような真似はできません。小さな船で、夜中にこっそりと、たこつぼ、穴子筒、刺し網などの漁具をしかけて、あとで回収するような形が主流です。したがって違法操業の対象は、タコ、アナゴ、カレイなどに集中しています。

中国船・韓国船の違法操業の影響は、漁区・漁法・魚種が限定的ですから、日本の水産資源が全体的に減少している要因にはなりえません。

③クジラ食害説

世界中でクジラが増えて魚を食べてしまうために、魚が減ってしまったという「クジラ食害説」は、日本では広く信じられています。しかし、科学的な根拠は薄弱です。日本近海の鯨類資源は激減し、現在も元の水準に戻っていません。鯨類による捕食が水産資源の量を規定しているなら、鯨類資源が豊富にいた時代よりも、魚類が大幅に増えていなければおかしいのです。

世界的に見ても、クジラが多い海域ほど水産資源が減少しているという傾向は見られません。南半球では一九九〇年代から鯨類が回復しつつあり、ニュージーランド近海には多数の鯨類が生息しています。ニュージーランドの排他的経済水域（EEZ）の水産資源は、ニュージーランド政府が資源管理を始めた一九八六年から、順調に回復しています。鯨類が豊富な他の海域で魚類の資源量が回復しているのですから、日本周辺海域のみで鯨類の食害で水産資源が減っているという主張には無理があります。

日本漁船による乱獲説

日本でしばしば耳にする、①地球温暖化、②中国船・韓国船の乱獲、③クジラ食害について、簡単に検証してみたところ、どれも日本近海の水産資源の減少をうまく説明できませんでした。筆者は、日本近海の水産資源が減少している最大の要因は、日本の漁業者による乱獲と考えています。持続性を無視した過剰な漁獲によって、海の中の魚をほぼ獲り尽くしてしまったのです。

日本では、「日本の漁業者は意識が高いから、乱獲などしない」ことになっています。日本の漁業者が乱獲をしていると言っても、にわかには信じられない読者も多いと思いますので、実例をいくつか紹介します。

乱獲事例その一　東シナ海

九州の西に広がる東シナ海は、なだらかな大陸棚に豊富な魚が生息する、世界有数の豊かな海でした。一九〇九年に、蒸気船を利用して海底に接する網を曳く、汽船トロールという漁法が、イギリスから日本に伝わりました。この効率的な漁法は、瞬く間に広まり、東シナ海は乱獲状態に陥りました。この海域の水産資源の調査研究を担当する西海区水産研究所が一九五一年に発行した「以西底曳網調査記録」に、当時の様子が克明に記されています。

この広大な海面に操業する漁船は、一九一〇年前後のトロール船に依る開拓と同時に決河の勢を以て此処に進出し、船数は上昇の一途をたどり、次で一九二〇年前後に於て漁法の改良に依り発展の途上にあった機船底曳漁船が之に参加し、恰《あたか》も欧州に於ける North Sea 漁場と比肩す可き世界的漁場に迄発展し、将に絢爛《けんらん》たる状態を現出した。

然し該漁場の資源に就ては、既に一九二〇年代から減衰の危険が叫ばれていたが、漁業者及び当局の資源維持に対する無関心の為、又徒らに所謂「赤もの」乃至「上もの」と称せられる「タヒ類」、「ニベ」、「マナガツヲ」等の高級魚種にその目標を置いた為に、本邦に於ける他の多くの漁場の場合と同じく、否更に強度の又急激な荒廃状態を呈し始めた。そこで従来市価の非常に低かった「グチ類」、「エヒ類」、「エソ類」、或は「フカ類」の如き「潰し物」乃至「下物」を漁獲対象とし、これ等を大量に漁獲する事に依って上物不足を補う方向に進んで来たのである。

図2-4〜図2-7は、一九二一（大正一〇）年から、一九四五（昭和二〇）年の東シナ海での汽船トロールの漁獲量を示したものです。マダイ（図2-4）、レンコダイ（図2-5）といった高級鮮魚を一〇年で壊滅的に獲り尽くすと、より安価なニベ（図2-6）やグチ（図2-7）のような練り製品の原料へと漁獲目標を切り替えました。そのニベやグチにしても、減少傾向は明白でした。乱獲によって、値段が高い順に、資源を潰していったのです。

一九四一（昭和一六）年に太平洋戦争が始まると、漁船は軍に徴用され、東シナ海の漁獲は停止しました。戦争による一時的な禁漁によって、東シナ海の水産資源は息を吹き返し、終戦後に漁業が再開されたときには、多くの資源が回復をしていました。

せっかくやり直しの機会を得たにもかかわらず、日本は、戦後も同じ失敗を繰り返しました。終戦後間もない一九四七年から本格的に漁業が再開されたのですが、その翌年には、早くも資源の減少傾向が明らかになります。「以西底曳網調査記録」は次のように警鐘を鳴らしています。

一曳網の漁獲量（一回網を曳いたときの漁獲量）は、一九四七年の二三〇貫（八六二・五キログラム）から、一九四八年の一九一貫（七一六・二五キログラム）

図2-4　東シナ海のマダイの年間総漁獲量と1操業あたりの漁獲量

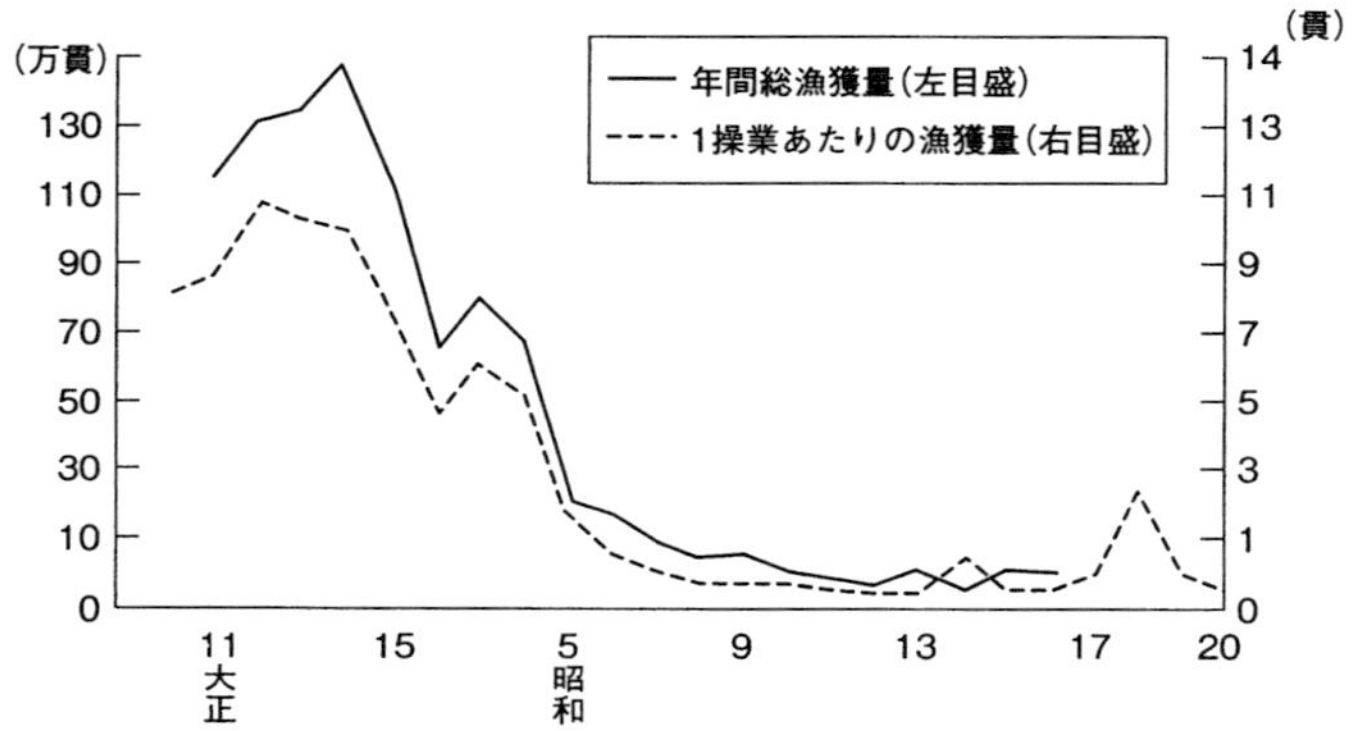

出典：西海区水産研究所「以西底曳網調査記録」をもとに作成

図2-5　東シナ海のレンコダイの年間総漁獲量と1操業あたりの漁獲量

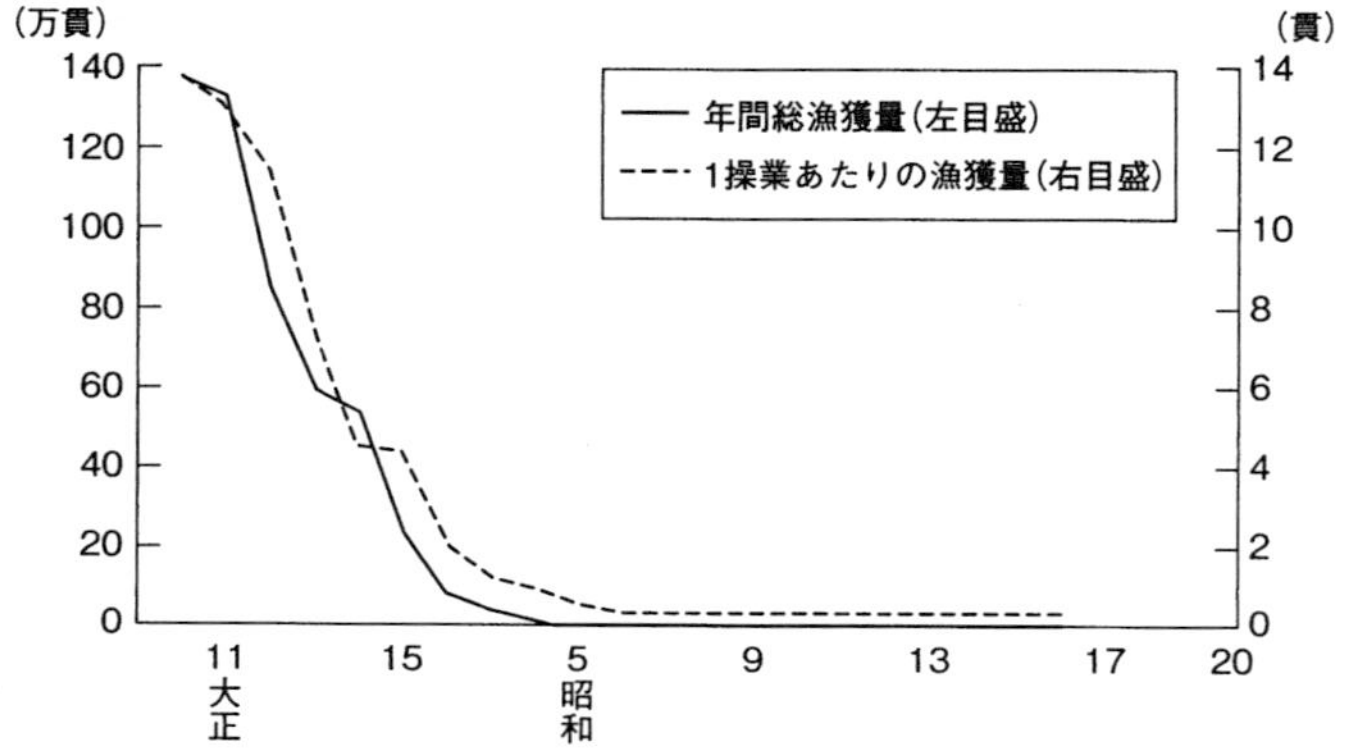

出典：西海区水産研究所「以西底曳網調査記録」をもとに作成

図2-6　東シナ海のニベの年間総漁獲量と1操業あたりの漁獲量

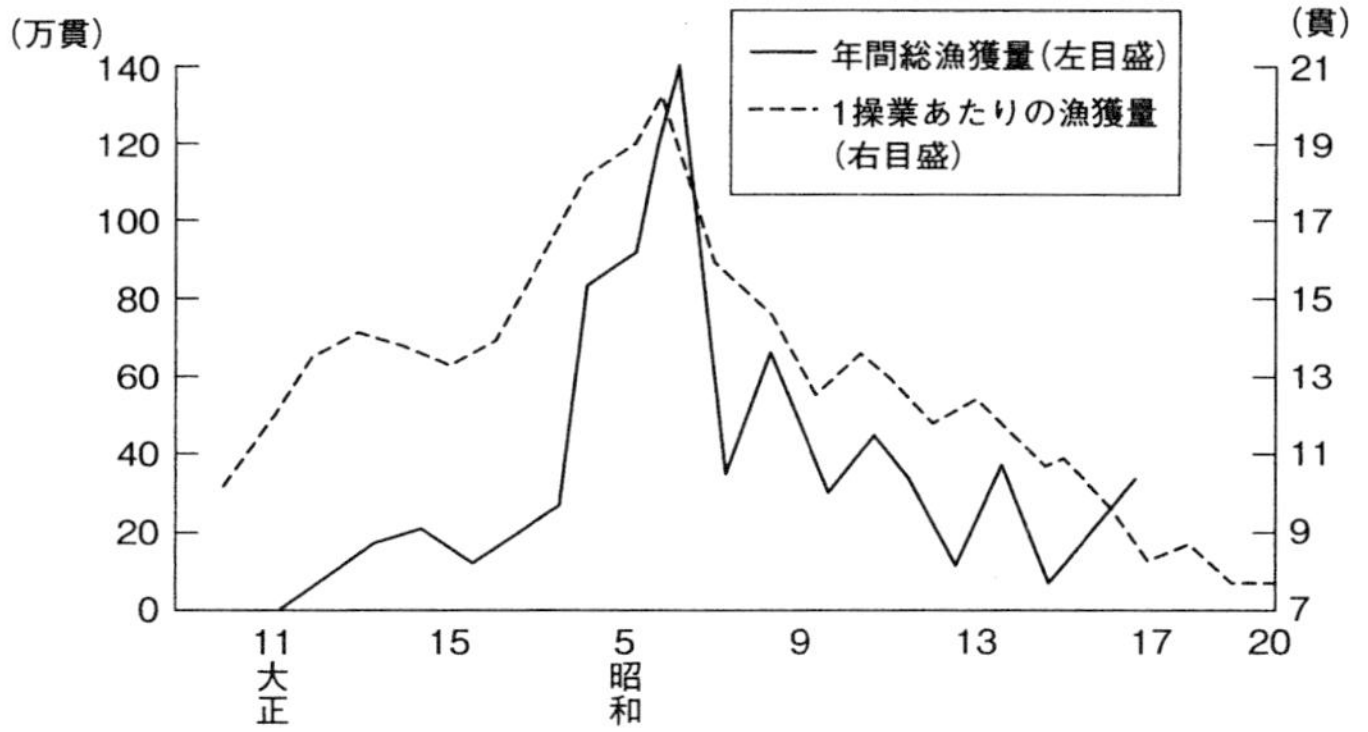

出典：西海区水産研究所「以西底曳網調査記録」をもとに作成

図2-7　東シナ海のグチ類の年間総漁獲量と1操業あたりの漁獲量

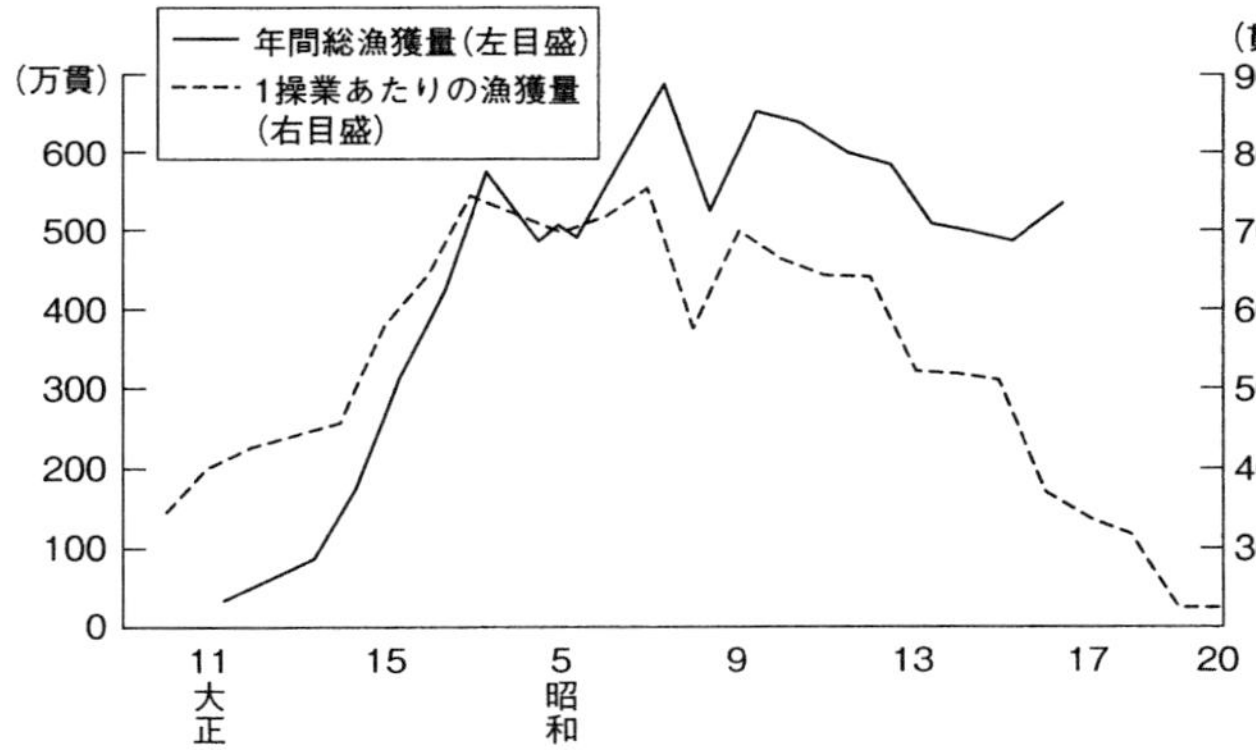

出典：西海区水産研究所「以西底曳網調査記録」をもとに作成

に低下した。併も一九四八年は最も違反操業が多く、許可海域外での漁獲が相当の部分を占めると思われるから、許可海域での一網平均漁獲量の低下は、これより著しいと推定される。そして予想された通り、レンコダイ、エソ、シログチ、フカの資源がすでに減衰しはじめた……。

この様な漁獲の減少は、一九四九年の後半に至り、違反操業が厳しく警告され、監視船の出動となるに及んで、決定的なものとなった。今年度（一九四九）の漁獲量の集計はまだきてはいないが、それが驚くべき減少を示していることは、色々な事実から容易に推察される。経営は破綻に瀕し、労働条件は極めて悪くなっている。

（中略）

従来の漁業及びその研究は、如何にすれば多量の魚を漁獲出来るかに主眼が置かれていた。或る漁場で獲れなくなれば、船足を伸ばして新漁場を開拓し、又新しい漁具、漁法を考案して獲れるだけ獲ったのであり、獲った後が如何なる状況になるかに就いては一顧も与えなかった。その様にしても獲れる間は良い――が魚は海の中に無限にいるのではない……。獲り得主義の、そして将来に対する見通しを持たなかった漁業の在り方の結末は自明であって、濫獲に依る資源の固渇現象となって現われ、経営が行き詰まって来たのは、蓋し当然と云わねばならない。

図2-8　戦後の東シナ海底曳網漁業の漁獲量

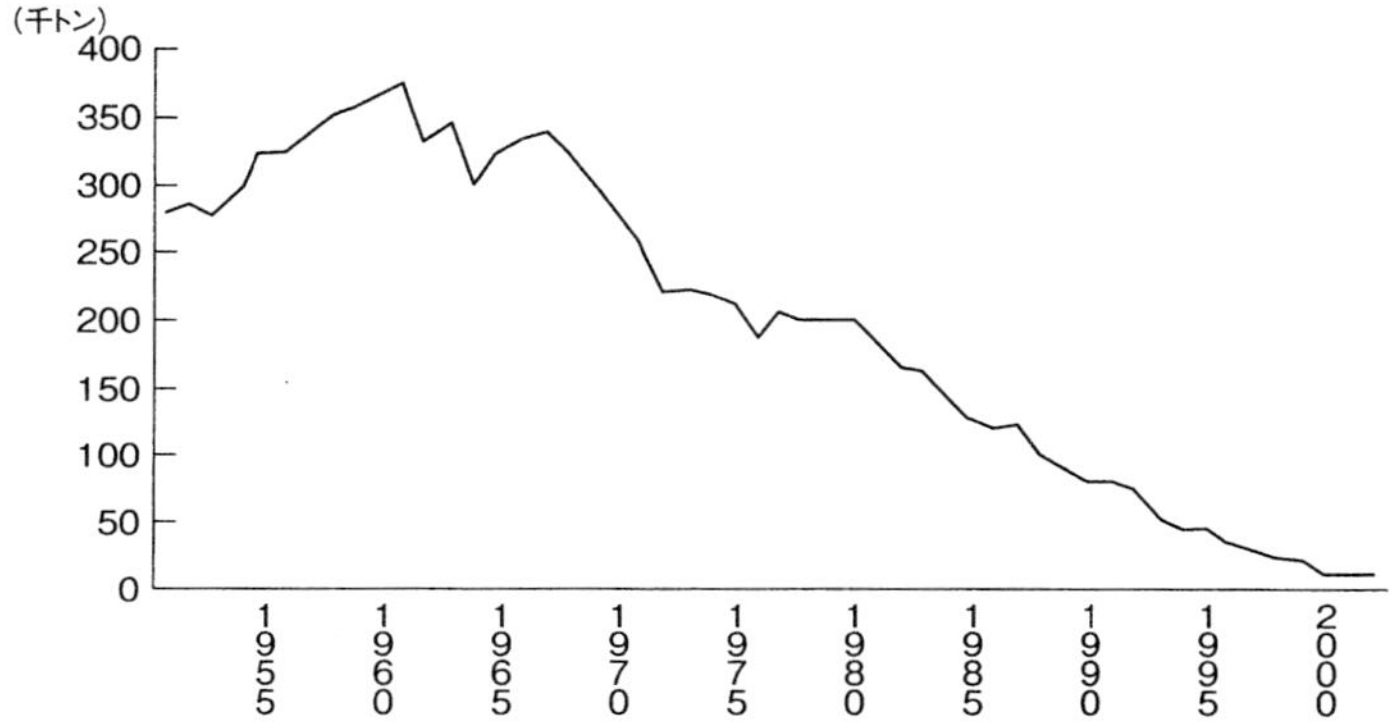

出典：農林水産省「漁業・養殖業統計年報」をもとに作成

戦後間もない一九五一年の時点で、東シナ海の水産資源の減少傾向は明らかだったにもかかわらず、有効な漁獲規制は今日まで導入されていません。図2-8は、戦後の東シナ海漁場の漁獲量です。一九五〇年代に漁獲量は増えたのは、高級魚から順番に、魚種を変えながら資源を潰していったからです。六〇年代に入り、新たに開発できる魚種がなくなると、漁獲量は直線的に減少しました。八〇年代から、日本漁船は採算がとれなくなり、順次、撤退をしました。そのあとに操業コストの安い中国漁船が同海域に進出し、今も資源は減り続けています。この海域での漁業規制は、現在まで行われていません。

筆者の所属する三重大学では、毎年、東シナ海でトロール操業の実習を行っています。筆者は二〇〇八年の航海に参加しました。何時間も網を曳いても、獲れるのは商業価値のないカニばかり。東シナ海は砂漠のような海になっており、かつての豊穣の海の面影は、どこにもありません。乱獲によって、生態系が完全に変わってしまったので、今すぐ全面禁漁にしたとしても、もう元の状態には戻らないかもしれません。

戦前の失敗から何も学ばずに、日本の漁業者は世界屈指の好漁場を破壊してしまいました。現在も、日本に反省の色は見られません。自らの乱獲の歴史を棚に上げ、中国・韓国漁船の乱獲を非難しています。確かに、中国漁船の操業によって、現在も資源は減り続けています。しかし、中国漁船が外洋に進出してきた一九八〇年には、日本漁船がすでに魚をほぼ獲り尽くしていたのだから、日本の漁業者に、中国の漁業者を非難する資格はないでしょう。自らの過去を真摯に反省したうえで、中国・韓国と共同で、国際的な漁業秩序を構築していく必要があります。

乱獲事例その二　ブリの早獲り競争

全国的にブリ類の漁獲は未成魚を中心に増加しています。とくに〇歳魚（地方によってフクラギ、ツバス、ハマチなどといった名前で呼ばれています）は需要を上回る過剰供給によって、値崩れを起こしています。買い手のいない〇歳魚は、冷凍されて、中国やベトナムにただ同然の値段でたたき売られているのです。その一方で、大型のブリの漁獲が激減しています。富山県の寒ブリの水揚げの減少は、日本海の定置網漁業の経営に深刻な影響を与えています。

独立行政法人 水産総合研究センターがとりまとめた「資源評価票」によると、日本近海でのブリの漁獲の年齢組成（二〇〇八年）は次のようになります（図2-9）。圧倒的に未成魚が中心で、成熟（三歳以上）するまで残る個体はほとんどいないのです。漁獲に占める未成魚の割合が九六パーセントというのは、かなり末期的です。

漁獲尾数の七割を占めている〇歳魚は、体重が一キログラム前後で、漁師の収入となる水揚げされた港での価格（浜値）は、一尾一〇〇円程度です。同じ魚を三歳まで待って獲ると、体重は九キログラム、一キログラムあたり単価は一五〇〇円以上にもなります。氷見（富山県）の定置網で一二月に獲られるブリは、一本の単価が一〇万円を超えることも珍しくありません。

二〇〇八年のブリ〇歳魚の漁獲は約三六〇〇万尾で、生産金額は約四〇億円でした。〇歳のブリを漁獲せずに、三年後に大きくしてから獲れば、どうなったでしょうか。体重は九倍に増えるし、重量あたりの単価は一五倍に増えます。自然死亡で個体数が約四割に減

図2-9　日本近海のブリの漁獲年齢組成（個体数）

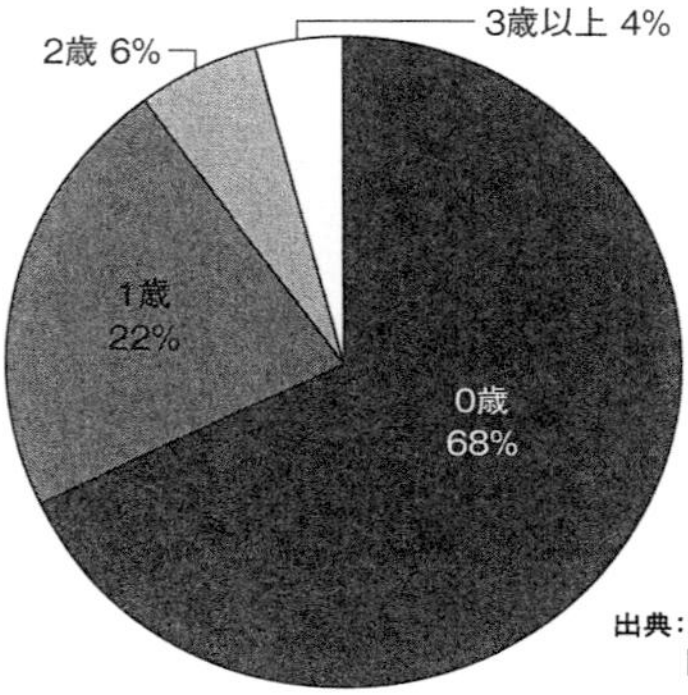

出典：水産総合研究センター
「資源評価票」をもとに作成

少することを勘案しても、漁獲重量は三倍、生産金額は五〇倍に増えることになります（図2-10）。魚を三年間、海に泳がせておくだけで、漁業全体の利益が大幅に増えるにもかかわらず、日本の漁師は〇歳のブリの群れを早い者勝ちで奪い合っています。これでは、漁業が儲からないのも当然です。

漁業を破壊する早獲り競争

東シナ海やブリ漁業の現状を見れば、「日本の漁業者は意識が高いから、乱獲などしない」という定説が、事実に反していることがわかります。これらが例外なのではなく、日本のほとんどの漁業は同じような状況にあります。今現在も、乱獲は継続中なのです。

図2-10　ブリを0歳で獲った場合と3歳で獲った場合の比較

	0歳	3歳
漁獲尾数	3,662万尾	1,489万尾
体重	1.08kg	8.99kg
漁獲量	4万トン	13万トン
単価	100円／kg	1,500円／kg
生産金額	40億円	2,000億円

なぜ漁業者は、自らの生活の糧を破壊するような破滅的な獲り方をするのでしょうか。二束三文の稚魚を獲るよりも、大きくしてから獲ったほうが儲かることぐらい、素人にだってわかります。実際、稚魚を獲っている漁業者も、大きくしてから獲ったほうが儲かることは、百も承知です。しかし漁業者には、〇歳魚の群れを逃がすという選択肢はないのです。

漁業者にとって、魚は現金と同じ価値を持ちます。海の中に五〇〇円玉や一〇〇円玉が落ちていて、それを大勢の漁業者が奪い合っているような状態です。日本の漁業は、現金つかみ取り大会のようなものなのです。

日本では公的機関による漁獲規制がほとんど存在しません。サイズ規制も、漁獲量の規制もない、完全な早い者勝ちです。大勢の漁業者が、魚群探知機のような最新機器を駆使して、我先に魚を奪い合った結果、成熟前にほとんどの個体が漁獲されてしまい、価値が出るまで魚が残らないのです。

この状況で、個々の漁業者に何ができるでしょうか。意識の高い漁業者が、魚が大きく成長するのを待ってから獲ろうと思っても、他の誰かに獲られてしまいます。無秩序な早獲り競争のもとでは、価値が出るまで待って獲ることは誰にもできないのです。

自分が経済的に厳しい状況に置かれた漁業者になったつもりで、考えてください。○歳のブリの群れを見つけました。これを網で巻けば、今すぐ一〇〇万円の売り上げになります。もし逃がしても、誰かが獲ってしまう可能性が高いです。仮に生き残ったとしても、成長した魚と再び自分が巡り会う確率は一パーセントもありません。

こういう状況で漁業者にできることは、自分も早獲り競争に参戦し、○歳魚から漁獲をして、現金収入を確保することのみです。彼らの置かれた状況を考えれば、このような行動は当然です。同じ状況に置かれたら、筆者だって○歳魚だろうと獲るだろうし、皆さんも同じだと思います。

不合理な早獲り競争を抑制しない限り、価値が出るまで待ってから獲ることは、誰にもできません。漁業者の意識が低いから乱獲をしているのではなく、無規制な早い者勝ちの現状によって、乱獲せざるをえない状況に追い込まれているのです。

図2-11　我が国周辺の水産資源の状態

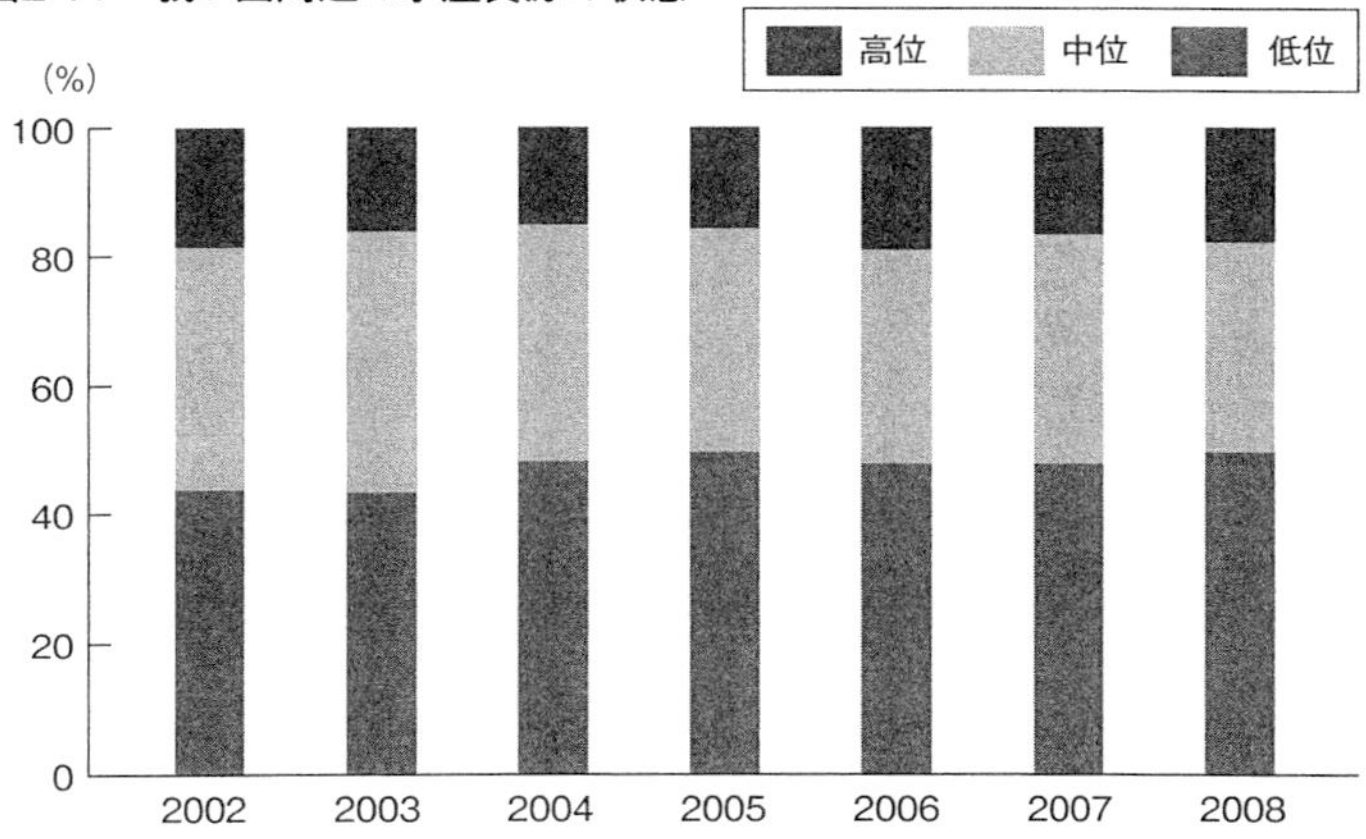

出典：水産総合研究センター「資源評価票」をもとに作成

資源の枯渇について

水産総合研究センターは、毎年、日本近海の主要な水産資源の状態を評価しています(http://abchan.job.affrc.go.jp/)。日本近海の重要水産資源を、資源量（漁獲量）の推移から「高位・中位・低位」の三段階で区分した水準に分類したところ、約半数の資源は低位にあるという結果が得られています(図2-11)。

現在、高位の資源は、ゴマサバ、カタクチイワシのように商業価値が低い資源や、サンマのように資源の中心が日本のEEZ外にある資源が中心です。マイワシ、マサバ、スケトウダラ、ニシンのような我々の食卓となじみの深い、日本の大黒柱とも言える資源は、軒並み低位です。

この評価では、過去二〇年程度の漁獲量しか見ていない点にも注意が必要です。二〇年前の一九九〇年には、すでに多くの水産資源が激減していました。すでに減った状態を基準にして、「高位・中位・低位」と定義をしているのです。ここでの「低位」とは、過去二〇年程度の間、減少傾向にあることを意味します。資源の減少は、現在も続いているのです。

漁業収益の悪化

漁業の生産金額は、一九八二年の二兆三〇〇〇億円をピークに減少し、現在は一兆六〇〇〇万円を割り込んでいます。日本では漁業を次の三つに分類しています。海外まで魚を獲りに行く遠洋漁業、日本近海で大型船が県をまたいで操業をする沖合漁業、小型船が沿岸付近で操業をする沿岸漁業です。

遠洋漁業、沖合漁業、沿岸漁業に養殖を加えたすべてのカテゴリーで、生産金額がほぼ直線的に減少を続けています（図2-12）。遠洋漁業と沖合漁業は以前から下り坂だったのですが、一九八〇年代後半にはバブル期の魚価の上昇を背景に利益を伸ばした沿岸漁業と

図2-12　日本の漁業別生産金額

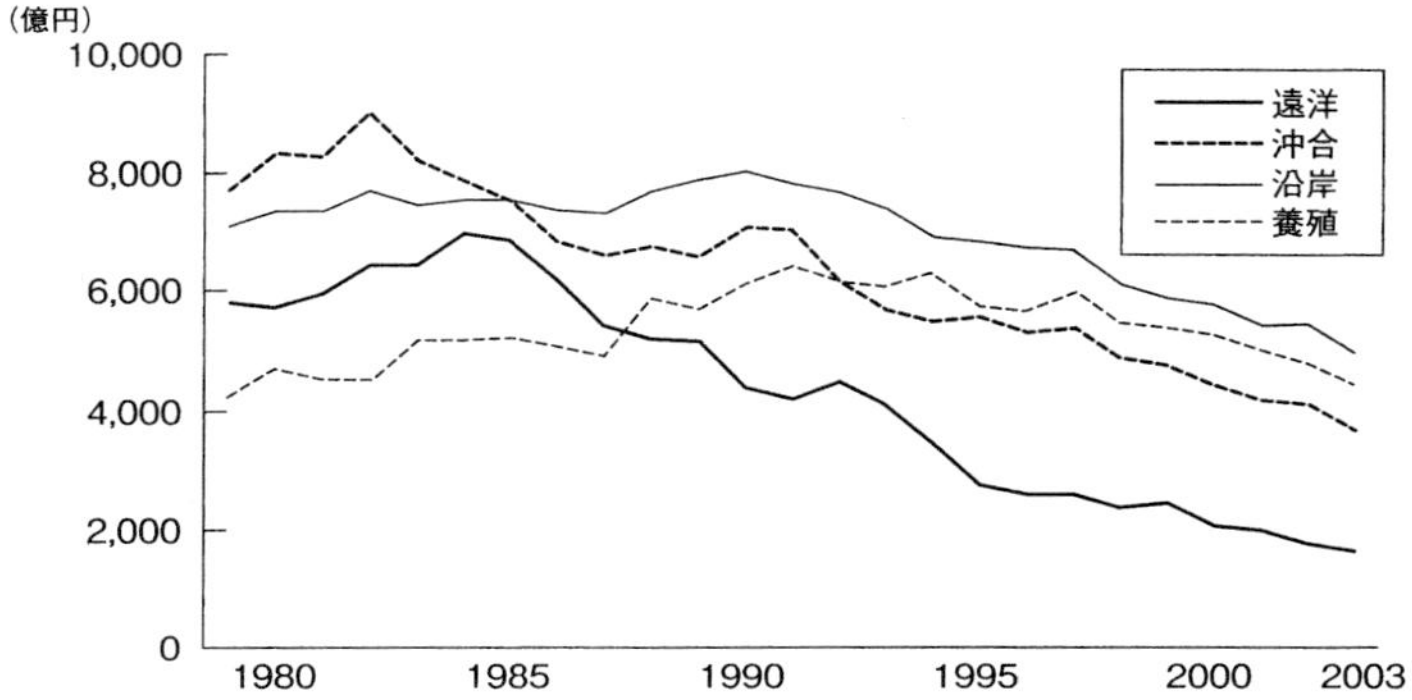

出典：農林水産省「漁業・養殖業生産統計年報」をもとに作成

養殖もバブル崩壊を契機に減少に転じています。

漁業従事者一人あたりの生産金額は一九九一年の五三〇万円から、二〇〇五年には四七五万円にまで減少しました。燃油などの経費は、年々上昇しており、経営は厳しさを増す一方です。体力のない経営体から、淘汰が進んでいるのが実情です。かろうじて生き残っている経営体にしても、新しい船を作る経済的余裕はなく、漁船の老朽化が進んでいます。漁業という産業は、縮小再生産すらできずに、消滅に向かっています。

漁業者の減少

終戦直後には一〇〇万人いた漁業者が、二〇〇六年には二一万人まで減少しました。現在も、

図2-13　日本の漁業者の年齢分布

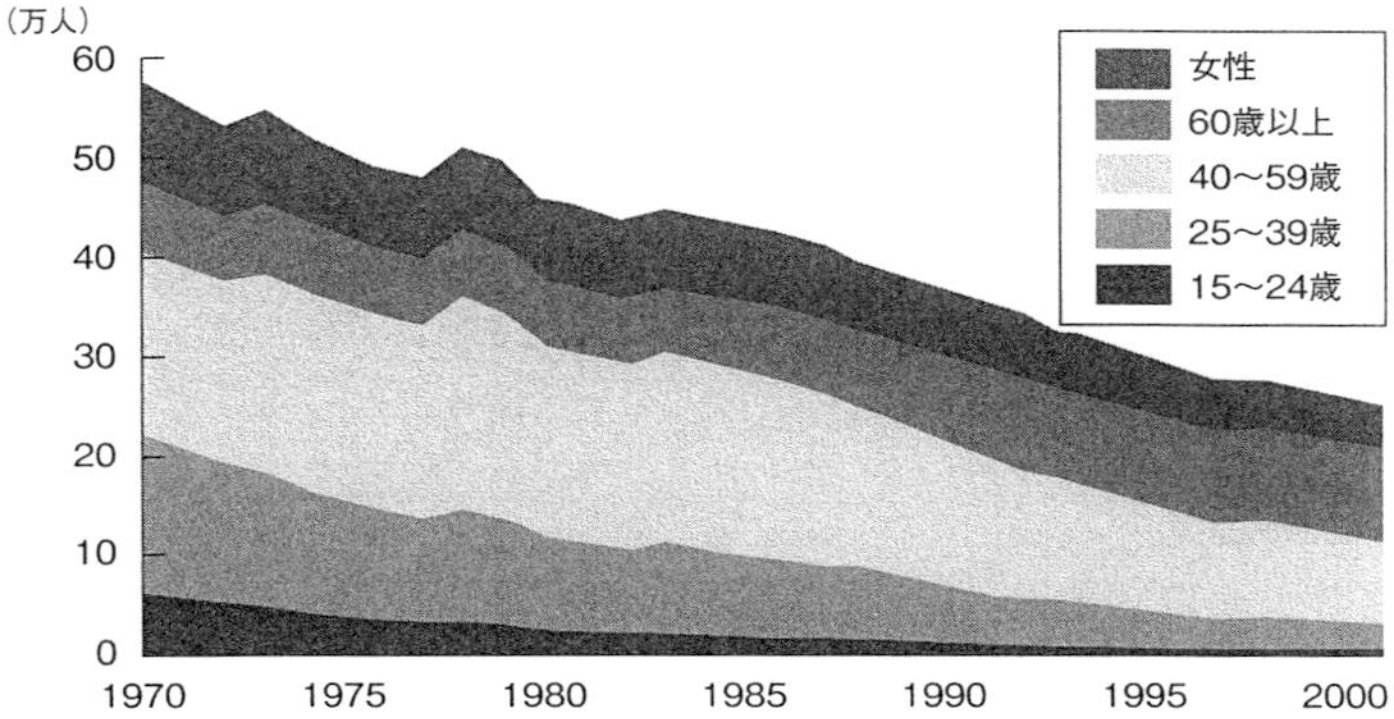

出典：農林水産省「漁業動態統計年報」をもとに作成

毎年一万人のペースで、コンスタントに減少しています。日本漁業の壊滅的な状況は、漁業従事者の年齢構成にも表れています（図2-13）。六〇歳以上が約半数を占める一方で、二四歳以下は三パーセントにも満たないのです。新規加入が途絶えた状態で、漁業者の平均年齢が毎年一歳ずつ上がっていくという、末期的な状況が続いています。

後継者問題では、労働条件が厳しい漁業を嫌がる若者が非難されることが多いのですが、本当にそうでしょうか。筆者は、漁業という産業自体に、魅力がなくなったとは思いません。今も漁業が高い利益を上げている数少ない漁村では、漁師の子供は当たり前のように漁業を継ぎます。後継者が順番待ちをしているような場合もあるのです。また、漁業就職フェアなどでは、多くの都市生活者が集まります。漁業にロマンを感じる若者は多くいるのです。

日本では、漁場の隅々まで熟知したベテラン漁業者ですら、漁業で生計を立てるのが難しくなっています。ベテラン漁業者たちが、長年の経験と知恵を駆使して少なくなった魚を奪い合っている状況では、現実問題として、未経験者が漁業に就職するのは困難です。劣悪な労働条件で利益が出ないという漁業の現状を無視して、「漁業者になりたがらない」若者を非難するのは筋違いではないでしょうか。

国は、後継者対策として、若い人が漁業を始めることをサポートしています。しかし、多額の税金を投入して未経験者を連れてきても、定着率は低いようです。漁業生産の減少の根本原因は、人間が不足しているからではなく、資源が不足しているからです。外から人を連れてくる方式では、中長期的に漁業人口を増やすことはできないでしょう。

注

（1）http://www.maff.go.jp/j/finding/mind/pdf/m230519.pdf

第三章　持続的に儲かる魚業の方程式

日本の現状を見ていると、漁業という産業に明るい未来などないような印象を受けます。しかし、日本の外に目を向けてみると、ノルウェーや、ニュージーランド、アイスランドなど、持続的に漁業を発展させている国が存在するのです。これらの国の漁業も、一九七〇年代までは、日本と同様に、乱獲による資源減少で産業として成り立たないような状態でした。しかし、資源管理を徹底することで、漁業を持続的で収益性の高い産業へと改革したのです。

現在成功している漁業国の政策を見ていくと、いくつかの共通点があります。「持続的に儲かる漁業の方程式」が存在するのです。

持続的に儲かる漁業の方程式

①控えめな漁獲枠を設定する

②漁獲枠をあらかじめ個々の漁業者に配分しておく

これら二つの条件をきちんと整えれば、漁業が持続的かつ生産的な産業として成長するのです。これらの条件が必要になる理由を、順を追って説明しましょう。

控えめな漁獲枠を設定する

人間の漁獲能力は自然の生産力をはるかに上回っているので、無規制に魚を奪い合えば、次世代を生み出すのに必要な親魚まで獲り尽くしてしまいます。持続的に漁業を営むためには、十分な親魚を残せるように、漁獲枠を控えめに（低めに）設定する必要があります。

海の中の魚の量を正確に推定することはできません。多かれ少なかれ、推定値には誤差が含まれます。資源量を過大に推定すると、過剰な漁獲枠が設定されて、結果として乱獲につながります。たとえば、毎年、現存資源の二〇パーセントまで、持続的に漁獲できる資源があったとします。資源量が一〇〇万トンであれば持続的な漁獲量の上限は二〇万トン、資源量が二〇〇万トンであれば持続的な漁獲量の上限は四〇万トンです。仮に、本当の資源量が一〇〇万トンなのに、資源量を二〇〇万トンに過大推定してしまった場合、実際には二〇万トンしか獲るべきでないのに、四〇万トンの漁獲枠を設定してしまいます。魚を獲りすぎてしまったからといって、獲った魚を海に戻すことはできません。不確実性に応じて、控えめに漁獲枠を設定すべきなのです。

漁業先進国は、資源にゆとりがあっても、必ず控えめな漁獲枠を設定します。それだけでなく、資源が少し減っただけで、禁漁に近い漁獲枠の削減をします。たとえ、資源減少の要因が漁獲ではなく自然変動であろうとも、資源が減ったら漁獲枠を素早く削減するのが先進国の常識です。このような厳しい規制が、結果として、資源を安定させ、長い目で見れば、漁業収益を安定させるので、漁業者のためになります。現在、漁業で利益を伸ばしている国は、例外なく漁業管理を厳しく行っています。

日本では、「漁業者が困るから、控えめな漁獲枠を設定するなどとんでもない」という意見が主流です。結果として、日本の多くの資源は、漁獲をするのに適正な大きさになる前に獲られてしまいます。じっくり待って、魚が十分にいることがわかってから獲ったほうが、資源に優しいばかりでなく、中長期的な漁業経営にもプラスになります。

漁獲枠をあらかじめ個々の漁業者に配分しておく

控えめな漁獲枠を設定して、十分な親魚を獲り残せば、生物資源の持続性は維持できます。しかし、それだけでは儲かる漁業にはなりません。漁獲枠をあらかじめ個々の漁業者に配分しておかなければ、早獲り競争によって漁業収益が悪化して、魚は残っても漁業が

図3-1　早獲り競争時代のカナダの銀ダラの漁獲、漁獲枠、出漁日数

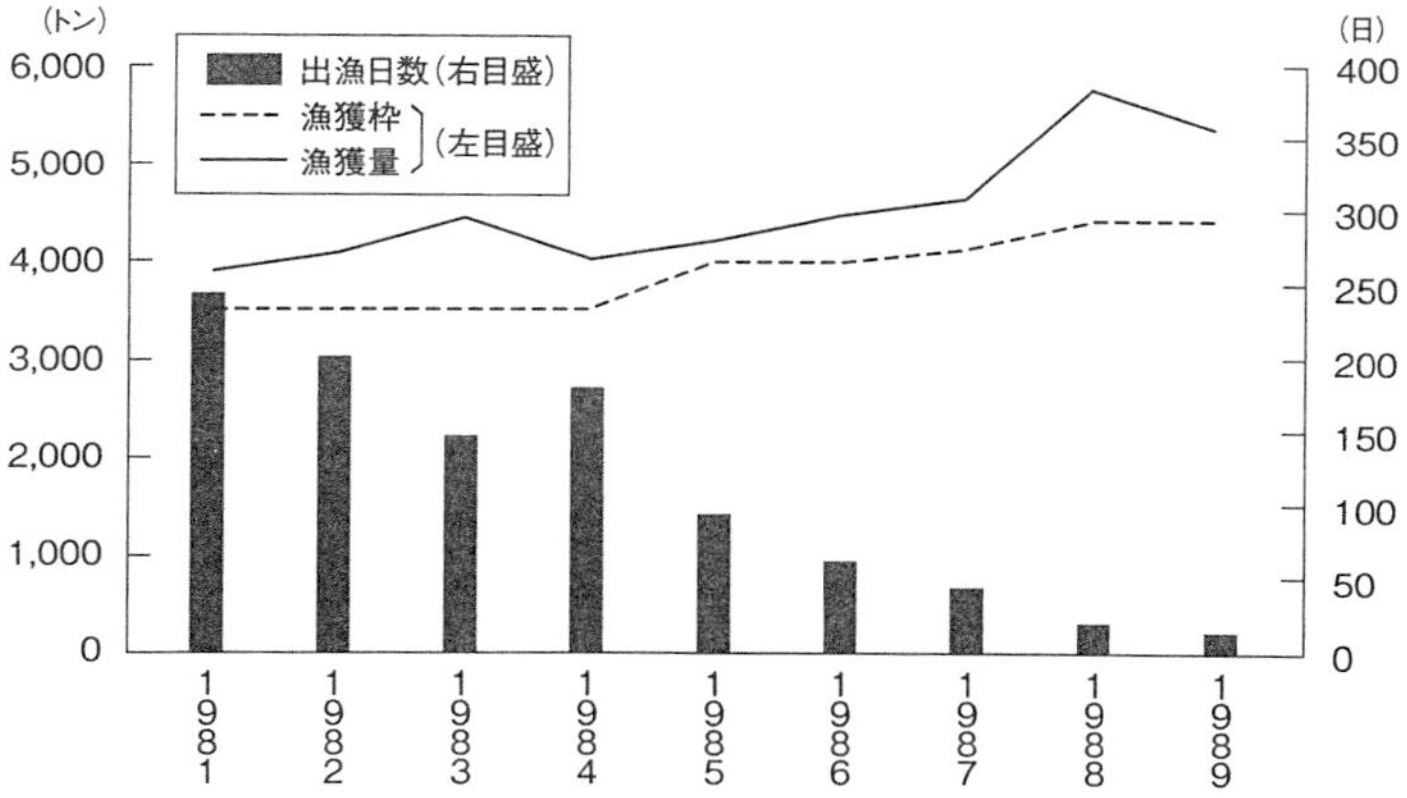

出典：カナダ漁業水産省ウェブサイト

衰退してしまうのです。

　もっとも単純な漁獲枠による資源管理は、ヨーイドンで漁業を開始して、全体の漁獲量が漁獲枠に達したら終了にするという「オリンピック方式」です。前述のように、人間の漁獲能力は自然の生産力を大きく上回っているので、早い者勝ちで魚を奪いあえば漁期は短くなります。限られた漁期中に、魚をどれだけ獲れるかが勝負ですから、漁業者は解禁と同時にスタートダッシュをして、より早くより多く獲ろうと努力をします。結果として、早獲り競争に拍車がかかるという悪循環です。

　実例を見てみましょう。カナダの銀ダラ(sablefish)漁業は、一九八一年から八九年まで、オリンピック方式で管理されてい

ました。銀ダラ資源に対して、カナダ政府が設定した漁獲枠と、実際の漁獲量を図3−1に示しました。漁獲量が漁獲枠をやや超えています。限られた漁獲枠を早い者勝ちで奪い合った結果、漁期がどんどん短縮しました。一九八一年には二四五日あった漁期が、八九年には一四日まで短くなったのです。限られた漁期の間に、他の漁業者よりも多く漁獲をするために、皆が設備投資を繰り返した結果、漁獲能力が肥大化して漁期が極端に短くなったのです。

漁期の短縮は、オリンピック方式の漁業では一般的に見られる現象です。漁期が一八分の一に短縮されたにもかかわらず、漁獲量はむしろ増えていることからも、人間の漁獲能力が急激に増加したことがわかります。もし、漁獲枠が存在しなければ、乱獲が進行して、あっと言う間に魚を獲り尽くしていたでしょう。カナダ政府の控えめな漁獲枠設定によって、資源の持続性は何とか維持できたのです。

オリンピック方式の弊害

オリンピック方式の副作用として、早獲り競争が激化し、経済行為としての漁業が厳しい状況に追い込まれました。皆で競争して獲ったからといって、全体の漁獲量が増えるわけではありません。早獲りのための設備投資は、漁業全体でみれば無駄なコストなのです。

漁期が短くなれば、獲った魚の事後処理をゆっくりする暇もありません。急いで処理をして、次の網を入れることになります。結果として、魚の扱いが雑になり、質・価格が下落し、漁業全体の利益はむしろ減少します。

オリンピック方式は、漁業者ばかりでなく、加工業者にも不利益です。オリンピック方式の漁業では、解禁直後に大量の水揚げが集中するので、加工業者は加工場のラインを増やす必要があります。しかし、そのラインが活用されるのは、一年のほんの一時期にすぎません。加工場の投資も、無駄が多いものになります。また、急いで加工処理をすれば、製品の品質は自ずと下がります。限りある海の幸を薄利多売していたら、漁業者も加工業者も儲かるはずがありません

安かろう悪かろうの製品を食べさせられる消費者も不幸です。漁期が短くなれば、新鮮な魚が食べられるのは、ほんの一瞬です。一年のほとんどは冷凍物の魚しか小売店に並びません。オリンピック方式で早獲り競争をしても、漁業者、加工業者、消費者の誰も得をしないのです。得をするのは、高い漁具を売りつけることができる漁具メーカーぐらいでしょう。

図3-2　カナダの銀ダラの漁獲、漁獲枠、出漁日数

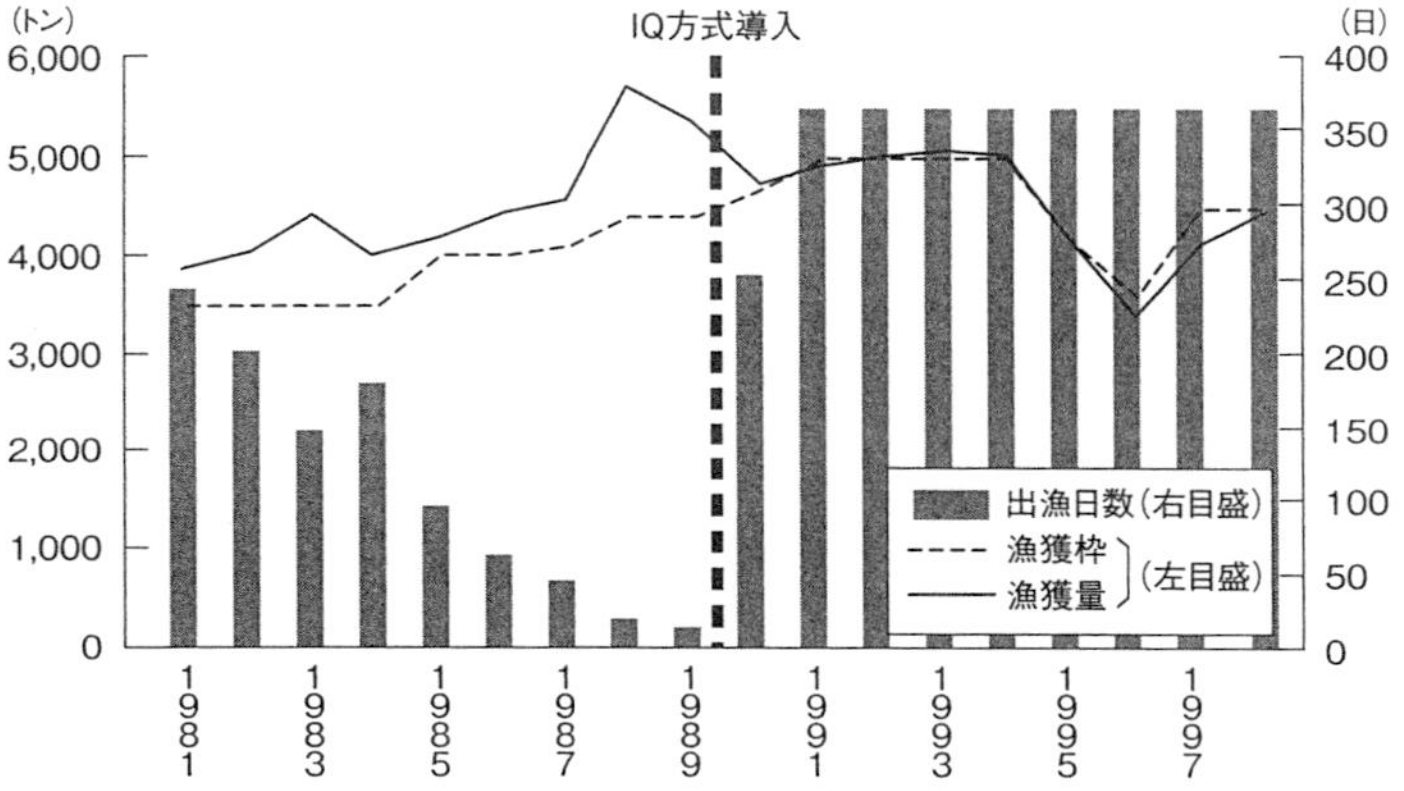

出典：カナダ漁業水産省ウェブサイト

ＩＱ（個別漁獲枠）方式

カナダ政府は一九九〇年から、漁船ごとに漁獲枠を配分する「ＩＱ（Individual Vessel Quota）方式」を導入しました。漁獲枠をあらかじめ個々の漁船に配分することで、早獲り競争を抑制することがねらいです。漁業者は、ライバルよりも早く獲る必要がなくなったので、無駄な競争コストを払う必要がなくなりました。一年を通して、需要に応じた生産ができるようになりました（図3-2）。加工場も無駄なラインを作る必要がなくなり、消費者も年間を通じて鮮魚が食べられるようになりました。オリンピック方式の時代には終漁が二四時間前に告知されたのですが、皆がラストスパートをするため、常に漁獲量が漁獲枠を上回る状態でした。ＩＱ方式に切り

替えてからは、漁獲量と漁獲枠が一致するようになりました。

カナダ政府がやったように、漁獲枠をあらかじめ個々の漁業者に配分することで、無駄な早獲り競争は、抑制できます。ＩＱ方式では、漁業者個人の漁獲量が制限されるので、漁業者は競い合って早く獲る代わりに魚の質を上げようとします。結果として、漁業全体の利益が増加します。

漁獲枠を早い者勝ちにするか、あらかじめ配分しておくかで、漁業者が置かれる状況が一八〇度転換します。早い者勝ちのオリンピック方式では、量とスピードで勝負する方向に漁業が進んでいきます。ＩＱ方式では、質で勝負する方向に漁業が進化します。ＩＱ方式の最大の利点は、漁業者のインセンティブ（意識）を、より早く獲ることから、価値のある魚を選択的に獲ることに変える点にあります。海の幸の生産力を有効利用するには、ＩＱ方式による質で勝負する漁業への転換が重要なのです。

世界に広がるＩＱ方式

ＥＥＺが設定される以前は、沿岸国には、外国船の乱獲を抑制する法的手段がありませんでした。無秩序な早獲り競争が当たり前でした。一九八〇年代に入って、ノルウェー、

表3-1　主要国における漁業管理制度の概要

国名	漁獲枠設定	漁獲枠配分方式		
		IQ方式	ITQ方式	オリンピック方式
アイスランド	○		○	
ノルウェー	○	○		
韓国	○	○		
デンマーク	○		○	
ニュージーランド	○		○	
オーストラリア	○		○	
アメリカ	○		○	
日本	▲			○

注：ノルウェーのIQ方式は条件つきで譲渡も可能。日本の漁獲枠は事実上サンマとスケトウダラの2魚種のみ。

出典：水産総合研究センター「我が国における総合的な水産資源・漁業の管理のあり方」一部改変

アイスランド、ニュージーランド、アラスカなど、いくつかの国と地域が個別漁獲枠方式を導入し、漁業改革に成功しました。その後も、オーストラリアやチリなど多くの漁業国が個別漁獲枠方式の導入を進めています（表3-1）。IQ方式を行うには、漁業者・漁船ごとの漁獲量のモニタリングが重要になります。漁業管理のコストや、情報のインフラなどの制約から、途上国でのIQ方式の導入は進んでいません。

IQ方式の中でも、個々の漁業者の漁獲枠を自由に売買することを認める制度を、「ITQ（Individual Transferable Quota）方式」と呼びます。漁獲枠を有効利用できる経済性が高い漁業者に漁獲枠が集まることで、漁業全体の利益は増加するものの、漁獲枠の寡占化などの社会的問題を引き起こす危険性が指摘されています。ＩＴＱを導入する国は、個人が所有できる漁獲枠に上限を設けています。ノルウェーでは、漁船に漁獲枠を配分し、漁船をスクラップにする場合に限って、漁獲枠を他の漁船に移すことを認めています。

日本では、強制力のある漁獲枠が設定されているのは、サンマとスケトウダラの二魚種のみであり、その二種についても早い者勝ちのオリンピック方式です。日本の漁業管理の現状や諸外国の個別漁獲枠方式の運用については、次章以降で詳しく説明します。

アラスカのカニ漁

筆者は日本の漁業を持続的・生産的な産業に改革するためのヒントを求めて、ノルウェー、ニュージーランド、アメリカなど多くの国の、大都市や離島など、様々な漁業の現場を回ってきました。二〇一〇年三月には、ＩＴＱ方式を導入したアメリカのダッチハーバーのカニ漁業の視察をしました。ダッチハーバーというのは、アリューシャン列島のウナスカラ島にある港です。アラスカのアンカレッジから、小型の飛行機で飛ぶことになります。冬のベーリング海は、「低気圧の墓場」と呼ばれるぐらい天候が荒れます。運が悪いと一週間以上、空港で足止めということもあるようです。

ダッチハーバーのカニ漁業は、アメリカでは有名です。ディスカバリーチャンネルの「Deadliest Catch（もっとも危険な漁業）」というドキュメンタリー番組が大ヒットしたからです。冬のベーリング海を舞台に、早獲り競争でカニを奪い合う漁師の姿を克明に記録したテレビ番組はお茶の間の人気を呼び、二〇一一年にはシーズン7まで放映されています。シリーズの最初のシーズン1が収録された二〇〇四年は、オリンピック方式でカニ漁業が行われた最後の年でした。このドキュメンタリー番組は、オリンピック方式からITQ方式に漁業が切り替わる瞬間をとらえた、貴重な記録と言えます。

早獲り競争の弊害

オリンピック方式の時代には、漁期が始まると漁船がいっせいに出港し、全速力で漁場を駆け回りました。カナダの銀ダラと同様に漁期は極端に短くなり、二〇〇四年の漁期は、たったの五日でした。全体の漁獲量が漁獲枠に達して終漁になると、カニを満載した船がいっせいに港に戻ってきて、港に到着した順番で、水揚げを行います。一年分のカニを一度に処理するのですから、水揚げ作業には時間がかかります。二〇〇四年は、水揚げ作業が終了するまでに七日もかかりました。最後に水揚げした船は、カニを獲っている時間よりも、港で待っている時間のほうが長かったのです。

港での待ち時間が延びると、カニの鮮度が下がります。漁業者にとってもっとも心配なのが、死にガニの発生です。船倉で一匹でもカニが死ぬと、水が汚れて、周りのカニも連鎖的に死んでしまうのです。加工場は、生きたカニしか買い取りませんから、漁業者にとって、長い待ち時間は大きなリスクでした。また、加工場も短期的に大量の水揚げを処理するために、加工ラインを目いっぱい増やさなければならず、人件費や設備投資費がかさむことになります。

合理化で漁業はどう変わったか

二〇〇五年に、船ごとに漁獲枠が個別配分されるようになり、漁業の生産性が大きく改善されました。他の漁業者よりも早く獲る必要がなくなったために、漁期の最初に水揚げが集中しなくなりました。漁期は五日から二カ月に伸びました。

また、漁船と加工場の連携が強化されました。漁船は加工場と緊密に連絡を取り、水揚げが集中しないようにローテーションで漁に出るようになりました。ＩＴＱ方式ならライバルより早く獲る必要がないので、水揚げができることを確認してから出港することも可能なのです。結果として、港での待ち時間が劇的に短縮され、死にガニ発生のリスクが軽減しました。水揚げ作業が迅速に行われるようになれば、その分、製品の質も上がります。水揚げを計画的に分散できるので、加工場も余計な処理能力を持つ必要がなくなり、コストを大幅に削減できます。

最近では、漁船と加工場はあらかじめ契約を結び、最終的な売り上げを一定の割合で、両者で配分するようになったそうです。最終的な製品の価値が上がれば、それが漁業者の収益に反映されます。オリンピック方式の時代は、ライバルよりも、より早くより多く獲ることしか考えていなかった漁業者が、今ではいかにして高く売れるカニを獲るかに専念しています。漁業管理の方法が変わることで、漁業の産業構造が変わったのです。

大きな変化として、海難事故の減少も挙げることができます。世界で「もっとも危険な漁業」というキャッチコピー通り、冬のベーリング海は、低気圧が発生しやすく、非常に過酷な環境です。筆者がダッチハーバーを訪問した際も、悪天候によりアンカレッジの空港で何日も待たされました。オリンピック方式の時代には、いくら天候が荒れていても、漁期が始まればヨーイドンで、皆、出漁をしました。漁期は一瞬で終わってしまうので、どれだけ天気が悪くても、無理をして出漁しなければならなかったのです。結果として、海難事故があとを絶ちませんでした。ＩＴＱ方式が導入されると、荒天時に無理に出漁する必要がなくなり、海難事故は激減しました。

図3-3　ダッチハーバーのタラバガニ漁業の炭素排出量

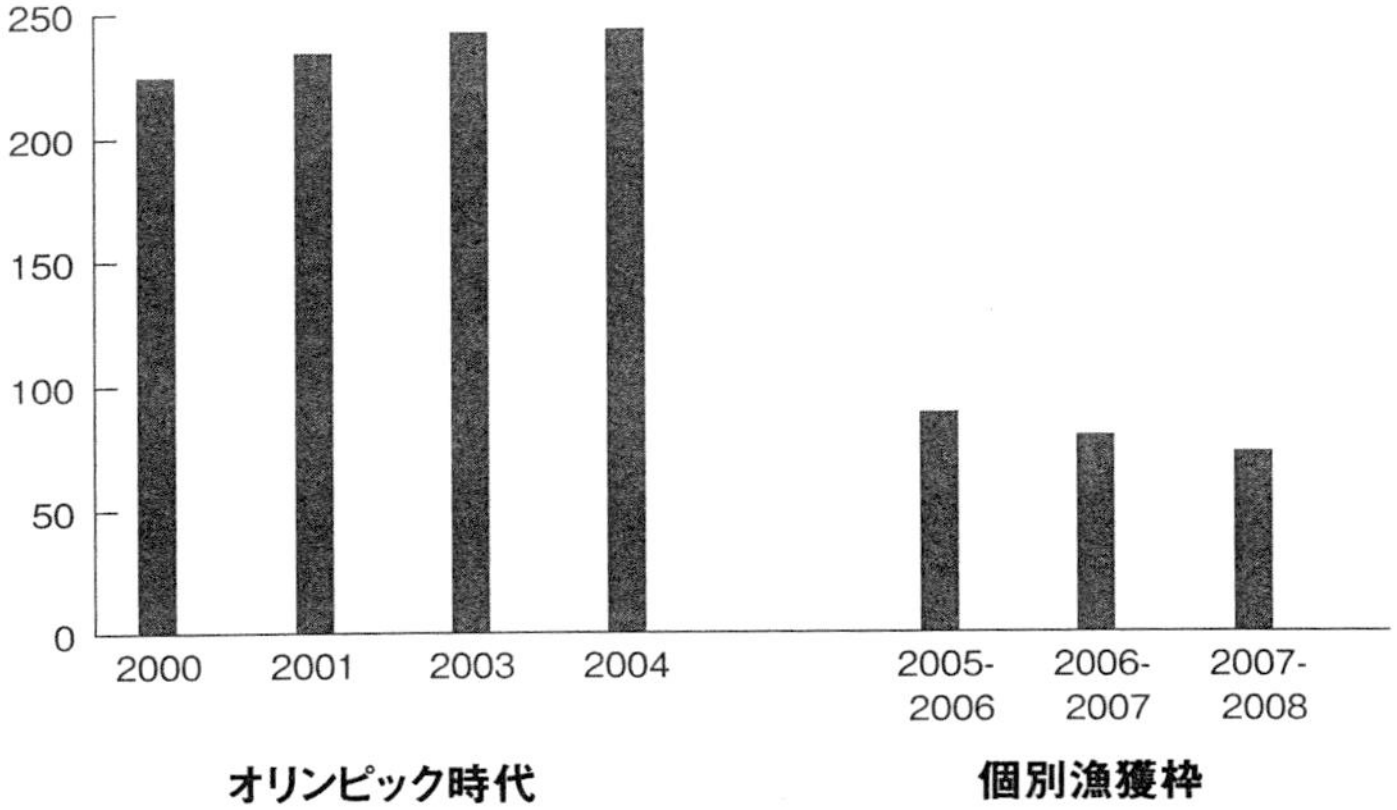

出典：ベーリング海，アリューシャン列島カニカゴ組合

オリンピック方式の時代は、常に時間との戦いでした。常にエンジン全開で移動するのが、当たり前でした。ＩＴＱ方式に切り替えてからは、漁場に急ぐ必要がなくなり、燃費も劇的に改善されました。漁期が一二倍に延びたにもかかわらず、二〇〇五年以降の炭素排出量は、それまでの半分以下に減少したのです（図3-3）。無理な移動をしなければ、エンジンの故障も減るし、寿命も延びます。個別漁獲枠方式は、環境にも優しい制度なのです。

　カナダの銀ダラと同様に、ＩＱ方式やＩＴＱ方式の導入は、資源管理をする側にとってもメリットがあります。オリンピック時代には、漁期が短かったため、

図3-4　ダッチハーバーのカニの漁獲枠と漁獲量

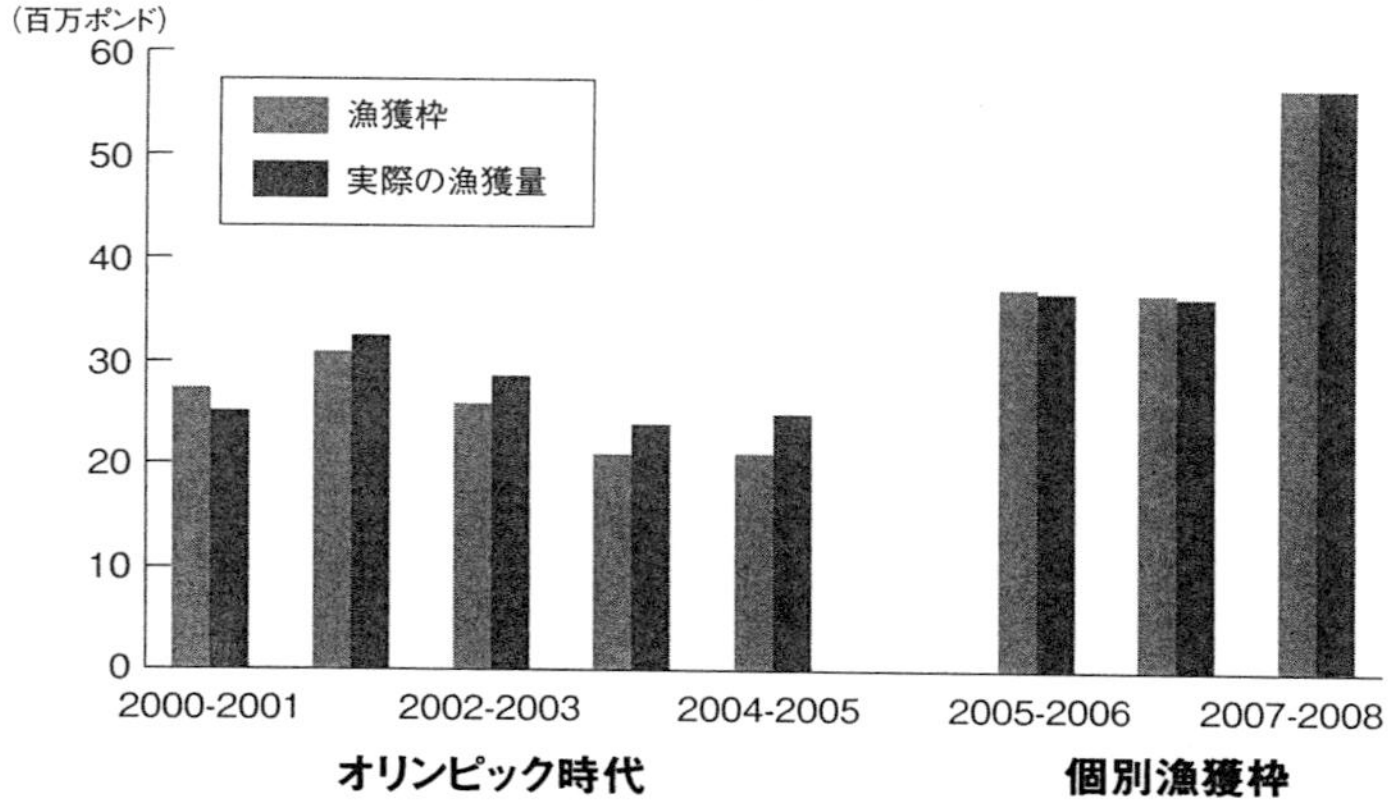

出典：ベーリング海，アリューシャン列島カニカゴ組合

正確な漁獲量で切り上げるのが至難の業でした。終漁の一日前には、漁船に終漁時期の連絡が行くのですが、最終日のラストスパートで、漁獲枠と漁獲量の不一致が生じていました（図3-4）。

現在は、各漁船が自分の漁獲枠の範囲で操業するので、漁獲枠と漁獲量が一致しています。資源管理の観点からも、ＩＱ方式の導入が望ましいのです。ただし、近年、漁獲枠が急増した理由は、ＩＱ制度の効果というよりは、自然変動による資源増加に起因するようです。

ダッチハーバーの漁業者に、ＩＴＱ方式になって悪い点はないか聞いてみたところ、「ほとんどの面で満足しているが、ライバルとの競争がなくなったのが少し物足りない」とのことでした。

第四章　日本漁業の処方箋

病名は明らかで特効薬も存在する

適切な規制を導入せずに乱獲を放置しておけば、漁業が衰退するのは当たり前の話です。一九八〇年代以降、ＩＱ方式という処方箋が見い出され、世界中で実績を上げてきました。資源管理によって、漁業を持続的に発展させている漁業国は多数存在します。

日本では漁業は衰退産業だと考えられていますが、そうではありません。日本漁業の衰退は、典型的な無規制漁業の結果なのです。日本漁業が衰退している原因は明らかで、処方箋も存在します。前章で説明した持続的に儲かる漁業の方程式を導入して、「手あたりしだいに獲るだけの漁業」から、「持続的に高く売る漁業」に切り替えれば、日本の漁業も、持続的に利益を生む産業になります。

本章では、日本漁業の現状を整理したうえで、どのようにして持続的に儲かる漁業の方程式を導入すればよいか、処方箋を書いてみましょう。

日本の漁業制度の起源

日本の漁業制度の起源は、江戸時代にさかのぼります。一七二四年に江戸幕府が、「磯猟は地附根附次第也、沖は入会」と定めたのが、現在の漁業権制度の起源と言われています。ウニやアワビなど、磯で採取する資源については沿岸コミュニティーに排他的利用権を与える一方で、沖の魚は原則自由な漁場の利用を認めるものでした。ここで言う磯とは、和船の艪《ろ》が底につく深さです。

江戸時代の漁業は、現在とは比べものにならないぐらい非効率でした。手こぎ船でアクセス可能で、かつ当時の漁具で魚が獲れるような漁場は限られていました。また、網も小さく粗末であったために、効率的に魚を獲ることができませんでした。海の中を泳ぎ回る魚を乱獲することは、技術的に不可能だったのです。

江戸時代に乱獲の恐れがあったのは、磯で採取ができるウニやアワビのような根付き資源でした。こういった資源については、早い者勝ちでは漁業が成り立たないので、沿岸コミュニティーに排他的な利用権を与えました。顔が見える範囲であれば、様々な取り決めを行うことが可能です。漁村内部では、「アサリの漁獲は、一人一日一袋まで」というような独自の規則を設けて、利害調整を行いました。その一方で、資源が十分に余っていた沖合は自由に操業ができました。

明治時代以降も、何度か漁業法は改正されました。しかし、改革に対する漁民の強い抵抗もあり、政策の基本となる考え方は今でも変わっていません。現在も、日本は沿岸漁場の排他的利用権を漁業組合に与えて、広範な自治権を認めている一方で、沖合の漁場は操業規制が緩く、大型船は県をまたいで自由に操業を行っています。

時代遅れの漁業制度が乱獲を促進する

明治時代以降に、欧米から近代的な漁法が導入されると、人間の漁獲能力は飛躍的に向上しました。テクノロジーの進化によって乱獲が技術的に可能になると、「漁場を巡る競争」から「魚を巡る競争」に切り替わりました。

漁業の競争原理が変わったことで、江戸時代には効果的であった縄張りシステムは機能しなくなりました。海域を細かく区切って自治権を与える日本の漁業制度は、魚の奪い合いを緩和するどころか、むしろ助長してしまうケースが多いのです。

多くの魚類は水温の変化などに対応して、頻繁に移動します。昨日までたくさん獲れていた魚が、ある日突然獲れなくなることは、漁業の現場ではよくある話です。日本の漁師の多くが、「明日になれば魚がどこに移動するかわからないのだから、魚が自分の漁場にいるうちに、獲れるだけ獲っておこう」と考えるのは当然でしょう。「親の仇《かたき》と魚は見たら獲れ」というのが典型的な日本漁業者の姿勢です。漁業者の意識の問題ではなく、漁業制度の問題です。

現在の日本の漁業制度で資源管理が可能なのは、資源の移動が一つの漁場内に収まるような定住性の高い小規模資源のみです。ウニやアワビのような、根付き資源については、従来通り、沿岸コミュニティーによる管理が行われています。駿河湾のサクラエビ、京都のズワイガニ、秋田のハタハタなど、いくつかの資源管理の成功例が国内でも知られていますが、いずれも小規模な独立した定住性資源です。しかし、ある程度以上の規模を持った回遊性の資源の管理は、ハードルが高く、国内での成功例は皆無です。

江戸時代には合理的であった日本の漁業制度は、現在では制度疲労を起こしています。にもかかわらず、これまでのやり方を変えることには大きな反発があります。「江戸時代から続いている由緒正しい制度を変えることはまかりならん」というような声が業界では少なくありません。社会が変われば、必要な規則も変化します。江戸時代と今とでは、漁業はまったく違う産業になってしまいました。江戸時代のやり方では、現在の効率的なハイテク漁業を管理できません。

日本の交通事情は、江戸時代と今とではまったく異なります。合理的な交通ルールがなければ、現在の車社会はあっと言う間に麻痺してしまいます。江戸時代の道路には信号機がなかったからといって、現代社会に信号機が不要なわけではありません。テクノロジーや時代の変化に対応して、ルールも変えていく必要があるのです。

乱獲の危険があった根付き資源の排他的利用権を明確にした江戸時代の日本人は、聡明でした。彼らは、自分たちの時代の問題を的確に捉えて、合理的なシステムを構築したのです。我々も、先人の知恵を見習って、現在の問題を解決するための新しい漁業制度を模索しなくてはなりません。

早獲り競争が引き起こす乱獲スパイラル

日本では、漁業者間の早獲り競争を抑制する仕組みがきわめて不十分です。その結果、魚を巡る競争が今日も日本中で行われています。個々の漁業者が自らの短期的利益を追求した結果、漁業全体の長期的な利益が著しく損なわれています。

自由競争の漁業で生き残るには、他の漁業者よりも「より早く、より多く」獲らなければなりません。漁業全体の漁獲能力が過剰だったとしても、個々の漁業者は、他の漁業者との競争に勝つために、設備投資を余儀なくされます。皆が設備を拡充していけば、魚は加速度的に減り、魚が減ると漁業者は収益を確保するために、ますます漁獲圧を強めます。

図4-1　乱獲スパイラルの模式図

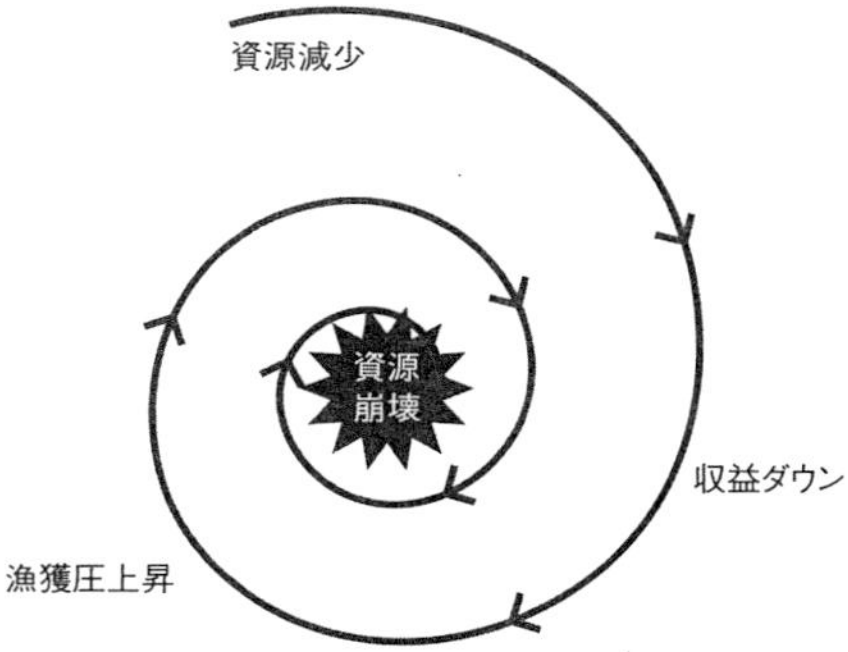

値段が高い大型魚が獲り尽くされ、獲れる魚の単価が下落します。単価の減少を補うために、さらに多くの魚を獲ろうとします。こうして、資源の悪化と漁獲物の小型化が同時進行しながら、漁業収益はどこまでも落ちていくのです（図４-１）。

国内漁業資源の多くは、すでに利益を出すのが難しい状態まで落ち込んでいます。漁業者は、コストを削減したり、投網数を増やしたりと、血のにじむような努力をしています。これらの努力によって収入が増えたとしても、結果として乱獲が進行することになり、根本的な解決にはなりません。いくら努力をしても、経営が行き詰まるのは時間の問題です。非生産的な早獲り競争を放置したままでは、たとえ公的資金をいくら注入したところで、砂漠に水をまくようなものであり、産業としての漁業は衰退する一方です。

「日本の漁業者は意識が高いから、乱獲などしない」と、多くの日本人は考えているようですが、そうではありません。現在の漁業制度では、自分が我慢をしても、他の漁業者が魚を獲り尽くせるのだから、個人の意識でどうにかなる問題ではありません。乱獲を回避するには、精神論ではなく、政策論が必要です。

無規制漁業では、より早く、根こそぎ魚を獲っていく漁業者しか生き残れないのですが、生き残った漁業者にも明るい未来は訪れません。漁業者が減ったところで、疲弊した資源を巡るより厳しい競争が続くのです。一九八九年からわずか一五年の間に、日本の漁業者数が四二パーセントも減少したにもかかわらず、一人あたりの生産金額は減少しました。日本漁業の衰退は、無規制な漁業の当然の帰結です。漁業者の意識の問題ではないし、精神論で何とかなるものではありません。早い者勝ちという漁業のシステムにメスを入れない限り、状況は打開できません。

日本の資源管理（TAC制度）

日本にも、一応、公的機関による漁獲枠制度が存在します。そのきっかけになったのが国連海洋法条約です。国連海洋法条約は世界の海の憲法と呼ばれる国際法で、「海は全人類のものであり、国家は海洋の利用に関して、人類に対する義務を有する」という基本理念に基づいています。沿岸国の資源開発などの権利を認める代わりに、環境保全を義務づける内容になっています。日本は、国連海洋法条約に一九八三年に署名し、九六年に批准しました。これによって、一二海里の領海、二〇〇海里の排他的経済水域（ＥＥＺ）を設定する権利と同時に、持続的に維持・管理をする責任を負うことになったのです。

ＥＥＺの水産資源の排他的利用権を行使するために、日本も資源管理の責任を果たさなければならないので、一九九七年から主要な七魚種に漁獲枠を設定しています。ところが、とても資源管理と呼べないようなデタラメな運用によって、資源管理の効果はまったく得られていません。

持続性を無視する漁獲枠

日本でも、毎年、研究者が集まって、それぞれの魚種に対して持続的に漁獲可能な量を推定しています。これを、「生物学的許容漁獲量（ABC, Acceptable Biological Catch）」と呼んでいます。ＡＢＣを超える漁獲は、資源の持続性を損なう可能性があるので、漁獲枠をＡＢＣ以下に抑える必要があります。しかし、残念ながら、日本では慢性的にＡＢＣを超過した漁獲枠が設定されてきました。乱獲に歯止めをかけるどころか、お墨付きを与

図4-2　2007年の総漁獲枠とABCの関係

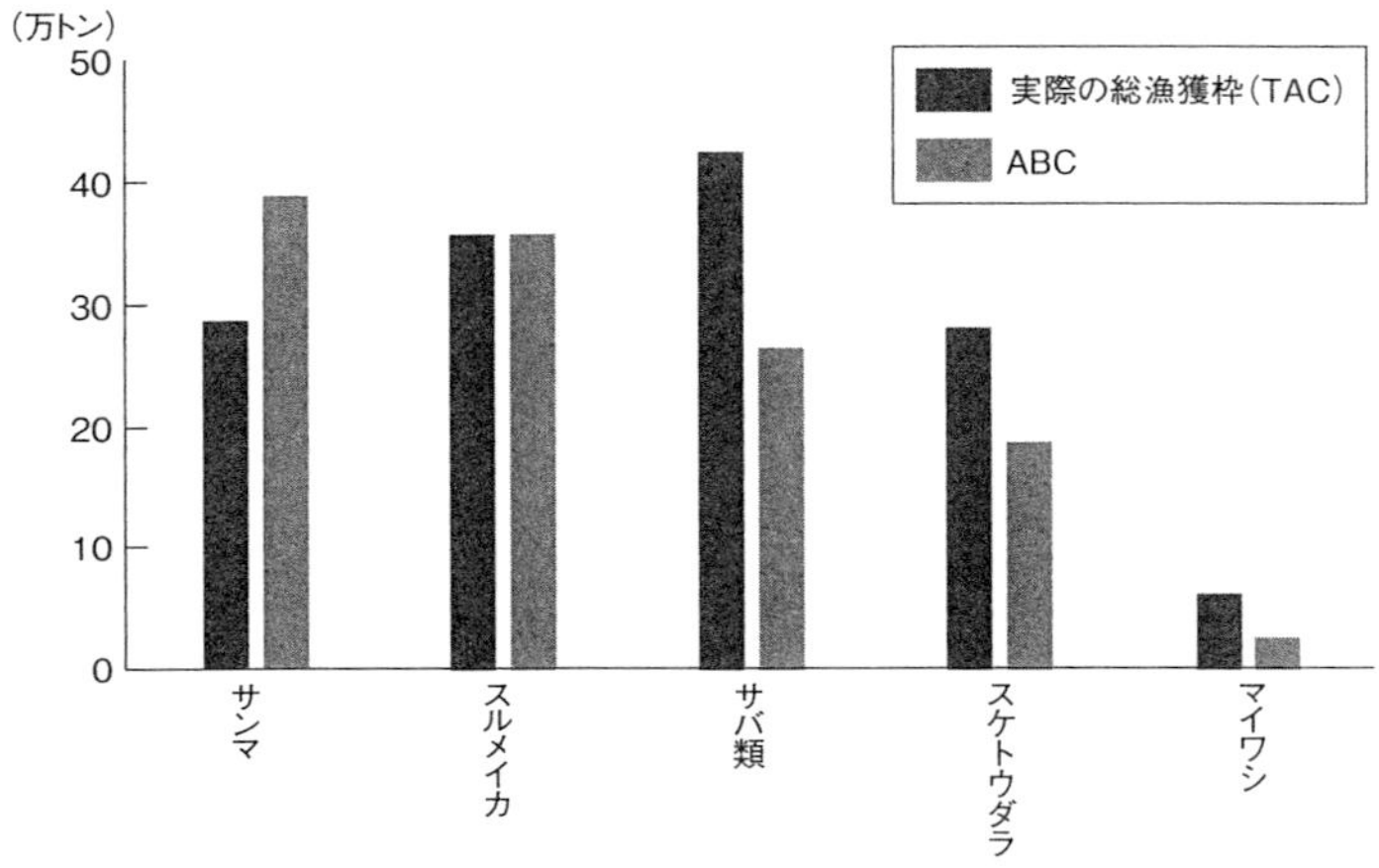

出典：漁業情報サービスセンター

えてきたのです。

図4-2は二〇〇七年の総漁獲枠（TAC, Total Allowable Catch）とABCです。研究者は資源評価の不確実性を考慮して、二種類の漁獲量を提言しています。漁業をするのに適切な漁獲量（ABCtarget）と、これ以上は持続性の観点から許容できない漁獲量（ABClimit）です。サンマをのぞくすべての魚種で、ABClimitを超える漁獲枠が設定されています。科学的なアセスメントを無視して、非持続的な漁獲枠を設定しているのだから、話になりません。

二〇〇一年および二〇〇二年のマイワシの漁獲枠は、ABCどころか資源量を超えていました（**図4-3**）。海にいるマイ

図4-3　マイワシ太平洋系群の資源量、ABC、漁獲量、TACの推移

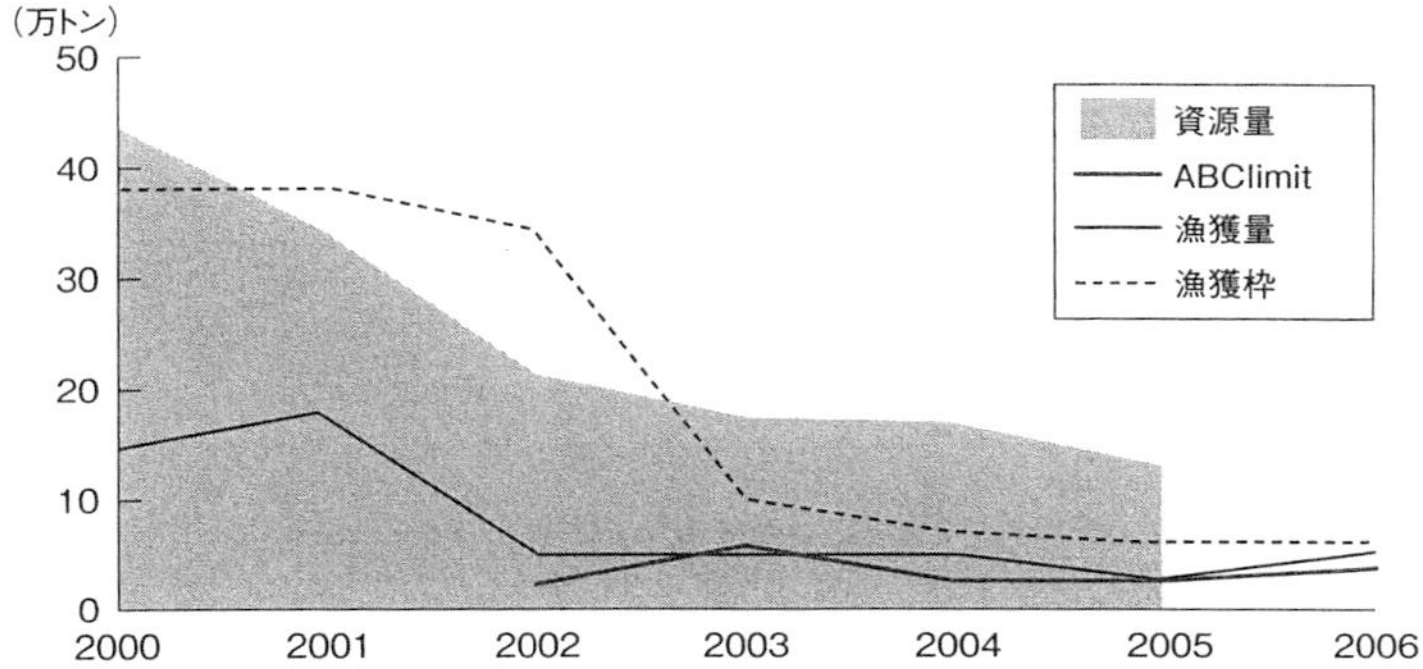

日本の漁獲枠は資源状態を無視して非現実的に高い値が設定されており、漁獲規制として機能していないことがわかる。

出典：漁業情報サービスセンター

ワシよりも多くの漁獲枠を設定していたのです。

TAC設定の根拠が不明

持続性を無視した漁獲枠は、どのような根拠に基づいて設定されたのでしょうか。漁獲枠の決定にあたっては、水産庁は、業界から有識者を集めた水産政策審議会に諮問します。業界の有識者と言いつつも、委員の多くは漁業団体に天下った水産庁のOBなので、実質は水産庁の内輪の会と言えます。水産政策審議会の会議自体は非公開ですが、後日、議事録は公開されます。

マイワシのように、資源量を超える漁獲枠を設定するというのは、常識的に考えてありえない話です。このような非現実的な漁獲枠を設定するにあたり、審議会でどのような議論がなさ

れたのか、当時の議事録を調べてみました。驚いたことに、まともに議論をした痕跡がないのです。水産庁の中尾管理課長は、審議会で次のように説明をしました。

それから、マイワシでございます。マイワシの資源は低い水準ながら平成七年以降横ばい傾向にありましたが、本年の加入量水準は再び減少傾向にあるとされていることから、平成一四年のＴＡＣは削減をしたいと考えております。その削減幅でございますが、今回の削減によりまして過去最低のＴＡＣ数量となること、またマイワシは漁獲量の年変動が非常に大きいことから、対前年比一割減にしたいと考えております。この結果、一四年のＴＡＣ総枠は三四万二〇〇〇トン、うち大臣管理分の大中まき網漁業につきましては一八万一〇〇〇トンにしたいと考えております。また、都道府県に対する配分につきましては、島根県で二〇〇〇トン、その他の県で一〇〇〇トンの減となります。

水産庁は、平成一四（二〇〇二）年のＴＡＣについて、「過去最低のＴＡＣ」「対前年比一割減」などと、漁獲枠を減らしたことを強調しているのですが、二つの重要な情報にまったく触れませんでした。

①マイワシの資源量がすでに二六万トンまで減少していること。
②去年の実漁獲がすでに一三万トンまで落ち込んでいること。

当時の資源評価でも資源量は二六万トンと推定されていました。こういう数字を出せば、三四万トンという漁獲枠が無茶なことは一目瞭然です。その前年の漁獲枠三八万トンに対して、実際の漁獲量はたったの一三万トンでした。これまでも、資源状態が悪化しているにもかかわらず、多く獲りたい漁業者に配慮して、過剰な漁獲枠を設定し続けていたのです。実際の漁獲量の三倍もの過剰な漁獲枠を設定していたのですから、たった一〇パーセント削減したところで、何の意味もありません。

水産庁は都合の悪い事実には一切触れずに、過剰な漁獲枠を設定しました。それに対して、委員からは何の質問もコメントもありませんでした。これでは、まともに審議をしたとは言えません。この議事録は、インターネット上に公開されています。あまり見られたくないのか、頻繁にアドレスが変更されるのでＵＲＬは表記しません。興味がある人は、「水産政策審議会第3回資源管理分科会議事録」というキーワードで検索してください。

漁獲枠を超える漁獲も野放し

海の中の魚は、自然変動で、増えたり減ったりします。過剰な漁獲枠を設定していても、魚が予想以上に増えた場合には、漁獲枠が足りなくなる場合もあります。二〇〇七年二月に、サバ類の漁獲量が漁獲枠を超過しました。水産庁は、漁業者に自主的な漁獲停止を要請したのみで、取り締まりをしませんでした。その結果、サバの漁獲量が漁獲枠を六万トンも超過するという事態が生じました。漁獲のほとんどがサバなのに、「アジなど」「混じり」という名前で報告をするという、魚種ロンダリングのような事例もあったようです。実際の漁獲量の超過は六万トンではすまないでしょう。

二〇〇八年八月には、沿岸漁業のマイワシ太平洋系群の漁獲が、漁獲枠を超過しました。その後も、何事もなかったように漁獲は続けられ、最終的には漁獲枠の二倍近く水揚げをしました。これらの超過漁獲には、何らペナルティがないので、文字通り「漁獲枠を無視して、獲った者勝ち」であり、漁獲枠を遵守した正直者が馬鹿を見ることになります。こうして、過剰漁獲を黙認することで、資源回復の芽を摘んできたのです。

骨抜きにされていたTAC法

根拠なく設定された過剰な漁獲枠すら守られていないのだから、日本のTAC制度は資源管理の体をなしていません。税金を使って「資源管理ごっこ」をしているというのが、実態です。管理義務を怠ったまま、排他的利用権を主張している日本の現状は、国連海洋法条約の理念に反します。

水産庁は、この件に関して、自らの責任を追及されないように、法的な抜け道をあらかじめ準備していました。海洋生物資源の保存及び管理に関する法律（TAC法）では、漁獲枠が設定されている七魚種のうち、スケトウダラとサンマをのぞく五魚種に関しては、以下の六点に関する法的な拘束力が、最初から除外されていたのです。

①基本計画等の達成のための措置
②採捕の数量又は漁獲努力量の公表
③助言、指導又は勧告
④採捕の停止等
⑤割当てによる採捕の制限
⑥採捕の数量又は漁獲努力量の報告

報告義務もなければ、助言も指導もしない。採捕数量の公表義務もないし、もちろん採捕の停止義務もありません。はじめから、資源管理をやる気がなかったのでしょう。

これらを適用除外にしたのは、「中国・韓国との漁業協定がない現状では、日本人だけ取り締まれない」という理由のようです。中国・韓国と資源を共有しているのは日本海側ですから、太平洋側の資源に関しては日本単独で資源管理ができます。日本海側の中国・

韓国と共有している資源についても、日本漁船の管理をしっかりしたうえで、中国・韓国との共同管理体制を構築していくのが筋です。外国船を口実に、管理責任を放棄することは許されません。

日本の漁獲枠制度の改善

日本の水産資源を持続的に利用していくには、現在の「資源管理ごっこ」を「資源管理」に変えていく必要があります。日本の漁業を持続的に利益が出る産業に作り替えるためにやるべきことは、次の五点です。

①持続性に配慮した漁獲枠設定
②漁獲量を複数の段階で確認する
③漁獲枠の対象魚種を増やす
④ＩＱ方式の導入
⑤個別漁獲枠の譲渡ルールに関する議論を始める

以下、それぞれについて詳しく説明します。

①持続性に配慮した漁獲枠設定

日本のように生物の持続性を無視した漁獲枠を設定していては、資源管理の意味がありません。漁獲枠設定のあり方を根本的に改める必要があります。いくら人間が魚を多く獲りたいからといって、自然は人間の都合など考えてくれません。人間の側が自然の生産力に対応する必要があります。

ＥＵを含む多くの国や地域では、科学者が資源の持続性の観点から、総漁獲枠（ＴＡＣ）を直接提言します。日本と同じように、科学者が提言したＡＢＣをもとに漁獲枠を別個に設定しているのはアメリカです。日本は一九九七年にＴＡＣ制度を導入する際に、アメリカのシステムを模倣したのです。

アメリカでは、乱獲の閾値（OFL, OverFishing Limit）、生物学的許容漁獲量（ABC, Acceptable Biological Catch）、総漁獲枠（TAC, Total Allowable Catch）の三つが設定されています。まず科学者が、生物学的な観点から、これ以上獲ったら乱獲になるという漁獲量ＯＦＬを推定します。そのうえで、資源評価の不確実性を考慮して、控えめに生物学的許容漁獲量ＡＢＣを設定します。生物学的な見地から決定されたＡＢＣをベースに、資源研究者と経済学者からなる専門委員会が、社会経済的な要素を考慮して、総漁獲枠（ＴＡＣ）を決定します。ＴＡＣは、必ずＡＢＣ以下に設定する決まりになっています。生物の生産力ぎりぎりまで獲る必要はありません。予期しえぬ生態系への攪乱を減らすためにも、社会経済的な考慮をしたうえで、できる限り漁獲枠を減らしているのです。

アラスカの底魚《そこうお》でどのような値が設定されるかを表4-1にまとめました。すべての魚種で、OFL≧ABC≧TACという原則が守られています。アメリカ政府は、資源の持続性に十分な配慮を払っていることがわかります。日本の漁獲枠制度は、アメリカの方式を輸入したのですが、ABCより低いTACを設定するという大前提が、いつの間にか骨抜きにされていました。

②漁獲量を複数の段階で確認する

不正を未然に防ぐには、水揚げ、競り、小売りなど、複数の段階で魚の流れを記録して、それをつきあわせる必要があります。日本の漁獲統計は、漁業組合の報告を集計するだけです。実際の水揚げと報告内容が一致しているかを誰も確認していません。漁業組合が、漁獲量を過少申告した場合に、確認するすべがありません。

日本の漁獲統計の問題が顕在化したのはミナミマグロです。二〇〇五年一〇月に開催されたみなみまぐろ保存委員会（CCSBT）年次会合で、オーストラリアは日本の市場調査で、TACを大幅に超えるミナミマグロが流通している可能性を指摘しました。これを

表4-1　アラスカのOFL、ABC、TACの値（2008年）

（トン）

	OFL 底魚の 乱獲の閾値	ABC 生物学的 許容漁獲量	TAC 総漁獲枠
スケトウダラ	1,431,000	1,318,000	1,318,000
	50,300	41,000	19,000
	48,000	5,220	10
タラ	154,000	131,000	127,070
銀ダラ	3,290	2,970	2,970
	3,100	2,800	2,800
ホッケ	64,200	54,900	54,900
	n/a	17,600	17,600
	n/a	22,000	22,000
	n/a	15,300	15,300
ソウハチ	261,000	245,000	150,000
カレイ	271,000	268,000	75,000
エゾカラスガレイ	16,000	2,490	2,490
	n/a	1,720	1,720
	n/a	770	770
アラスカ・アブラガレイ	208,000	171,000	30,000
シロカレイ	92,800	77,200	45,000
その他カレイ類	28,500	21,400	21,400
ツノガレイ	252,000	199,000	60,000
アカウオ	25,600	21,600	21,600
	n/a	4,080	4,080
	n/a	4,900	4,900
	n/a	5,000	5,000
	n/a	7,620	7,620
キタノメヌケ	9,700	8,150	8,150
ヒレグロメヌケ	564	424	424
アラメヌケ	269	202	202
その他メヌケ	1,330	999	999
	n/a	414	414
	n/a	585	585
イカ	2,620	1,970	1,970
その他	91,700	68,800	58,015

出典：http://www.fakr.noaa.gov/sustainablefisheries/specs07_08/BSAItable1.pdfをもとに作成

受け、二〇〇五年の年末に水産庁が日本船の水揚量の調査を実施したところ、漁獲枠を超過した水揚げが明らかになりました。

図4-4は、CCSBTのレポートから引用した図です。上の図は水揚げ量と流通量を示したものです。水揚げされてから市場に流通するまでの時間差を考慮したのが下の図です。一九八〇年代中頃までは、報告量と流通量は一致しているのですが、八〇年代終盤から、大きく乖離します。ミナミマグロの資源状態が悪化したことから、CCSBTは八五年から九〇年の五年間でTACを七割削減しました。急激な漁獲枠の削減によって経営が悪化し、不正漁獲を余儀なくされたという背景が見えてきます。

明らかに過剰なミナミマグロの流通量は、不正漁獲の動かぬ証拠です。では、不正に漁獲されたミナミマグロはどこの国からきたのでしょうか。この件について、日本は過去にさかのぼった調査をしなかったので、すべては闇の中です。筆者は、日本漁船による不正漁獲の可能性が高いと考えています。海外から日本に輸入する際には、必ず税関で数量を確認するので、大幅な不正はほぼ不可能です。日本の漁船が日本の港に水揚げする場合、漁船が水揚げ量をFAXで報告するだけで、誰も確認をしません。その気になれば、いくらでも不正は可能です。

正規に漁獲・輸入された魚と、市場を流通している魚の量が大きく食い違うのは、国と

図4-4　CCSBTのレポート

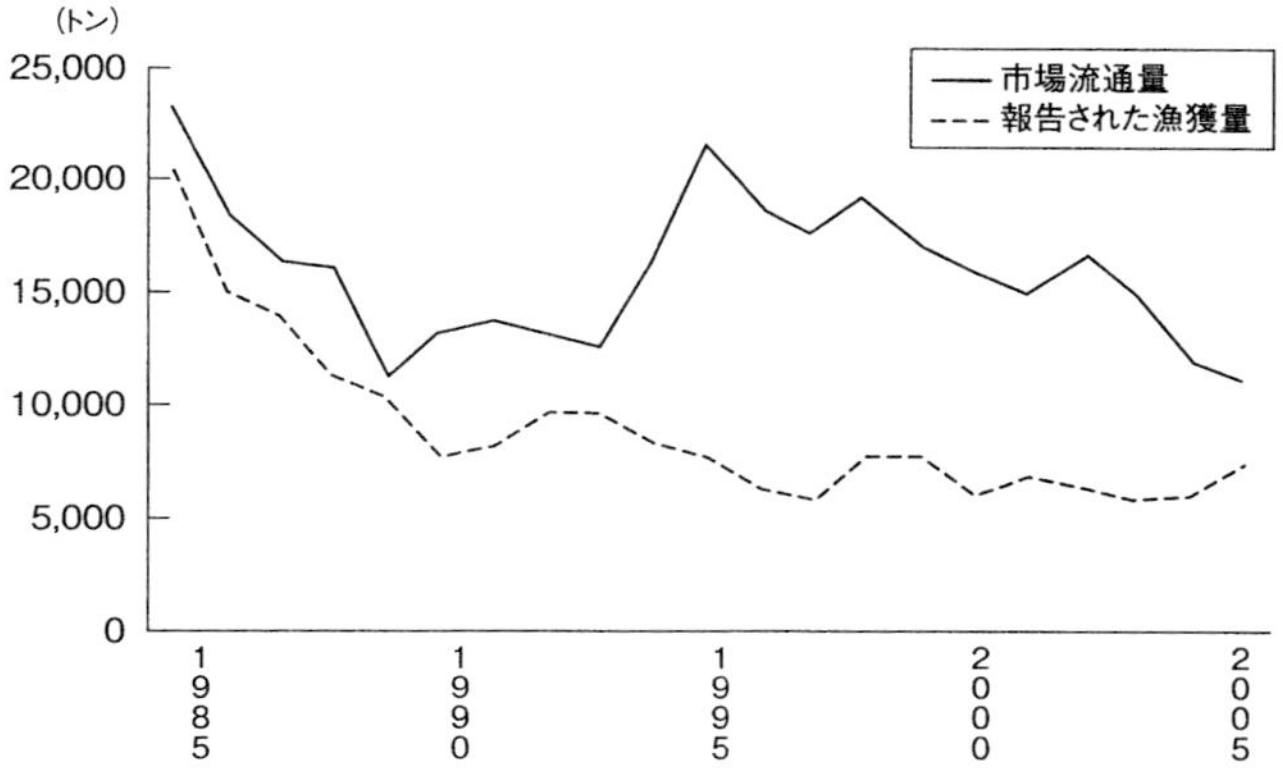

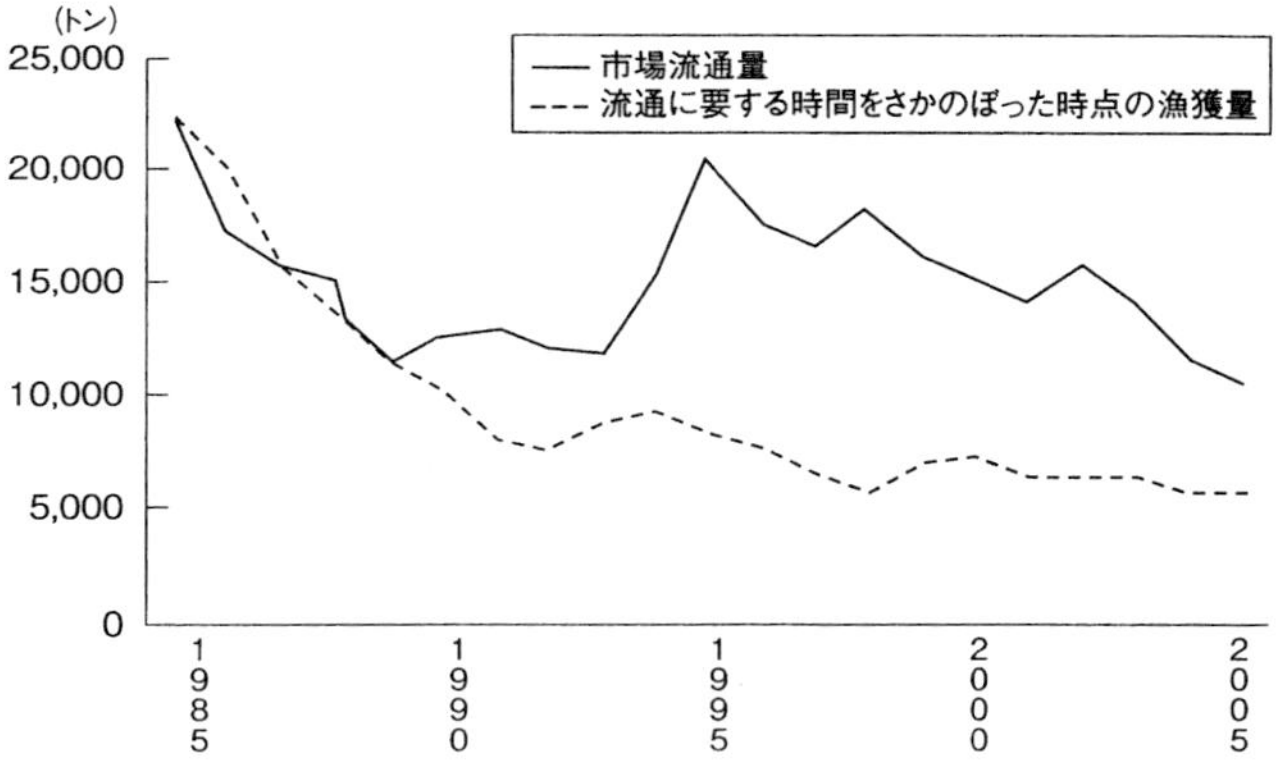

出典：http://www.ccsbt.org/userfiles/file/docs_english/meetings/meeting_reports/ccsbt_13/report_of_SAG7.pdf をもとに作成

して無責任です。さらに、追跡調査をせずにうやむやにしてしまった時点で、無責任の上塗りと言えるでしょう。一刻も早く、水産物のトレーサビリティーを確立する必要があります。

資源管理に積極的な国は、漁獲や流通の複数の段階で、数量を確認します。たとえばノルウェーでは、漁獲した時点、港で水揚げをした時点、魚を売った時点で、必ず管理当局への報告が義務づけられています。不審な箇所があれば、すぐに検査官が倉庫に立ち入り検査をして、報告の数量と在庫をチェックします。ノルウェーの冷凍庫には、在庫すべてに、いつどこで、どの船が獲った魚かを示す伝票が貼られています（図4-5）。取引に不透明な点があれば、すぐに工場を抜き打ちでチェックして、すべての伝票と在庫をつきあわせます。故意の違反には、実刑を含む厳しいペナルティがあります。こういったシステムは、不正漁獲を防ぐのみならず、トレーサビリティーを高める効果もあり、消費者の安心安全にもつながります。

③漁獲枠の対象魚種を増やす

日本で漁獲枠が設定されているのはたったの七魚種。これでは明らかに少なすぎます。たとえば、資源管理先進国のニュージーランドと比較してみましょう（表4-2）。

図4-5　ノルウェーの冷凍倉庫に保管されている魚の伝票

ニュージーランドで漁獲枠が設定されているのは九四魚種です。同じ魚種でも、複数の独立した資源が存在する場合があります。たとえば日本近海のマイワシには、太平洋と日本海（対馬暖流系）に二つの独立した資源が存在します。このように独立した資源を「系群」と呼んでいます。資源が独立している以上、漁獲枠は系群ごとに設定する必要があります。

日本のＴＡＣ対象種では、サンマのように系群が一つの魚種もあれば、スケトウダラのように四つの系群に分かれている魚種もあります。日本は、七魚種を一九の系群に分けて漁獲枠を設定しています。一方、ニュージーラン

表4-2　日本とニュージーランドの漁業管理の比較

	日本	ニュージーランド
TAC魚種数	7	94
TAC系群数	19	178
資源評価系群数	29	78
予算	4,000億円	70億円
財源	国民負担	漁業者負担
漁業生産	長期低迷	持続的成長
漁業経営	破綻	良好

ドは九四魚種一七八系群ですから、文字通り桁が違います。水産関係の予算は、日本が年間四〇〇〇億円に対し、ニュージーランドはその二パーセント以下の七〇億円にすぎません。ニュージーランドは、きめ細かい資源管理を少ない予算で、しかも財源は漁業者負担で行っています。きちんと資源管理さえすれば、漁業は儲かる産業になるので、資源管理の費用ぐらいは簡単に捻出できるのです。

では、日本はどこまで漁獲枠を設定すればよいのでしょうか。いきなりニュージーランドのように魚種数を増やすのは、現実的ではありません。日本は多種多様な魚種を利用しているのですが、まとまって獲れる魚種は限られています。二〇〇五年の漁獲量を多い順に並べたのが図4-6です。一〇万トン以上のまとまった漁獲があるのは、上位八魚種のみでした。棒グラフの薄いグレーがすでに漁獲枠が設

図4-6　日本の魚種別漁獲量(2005年)

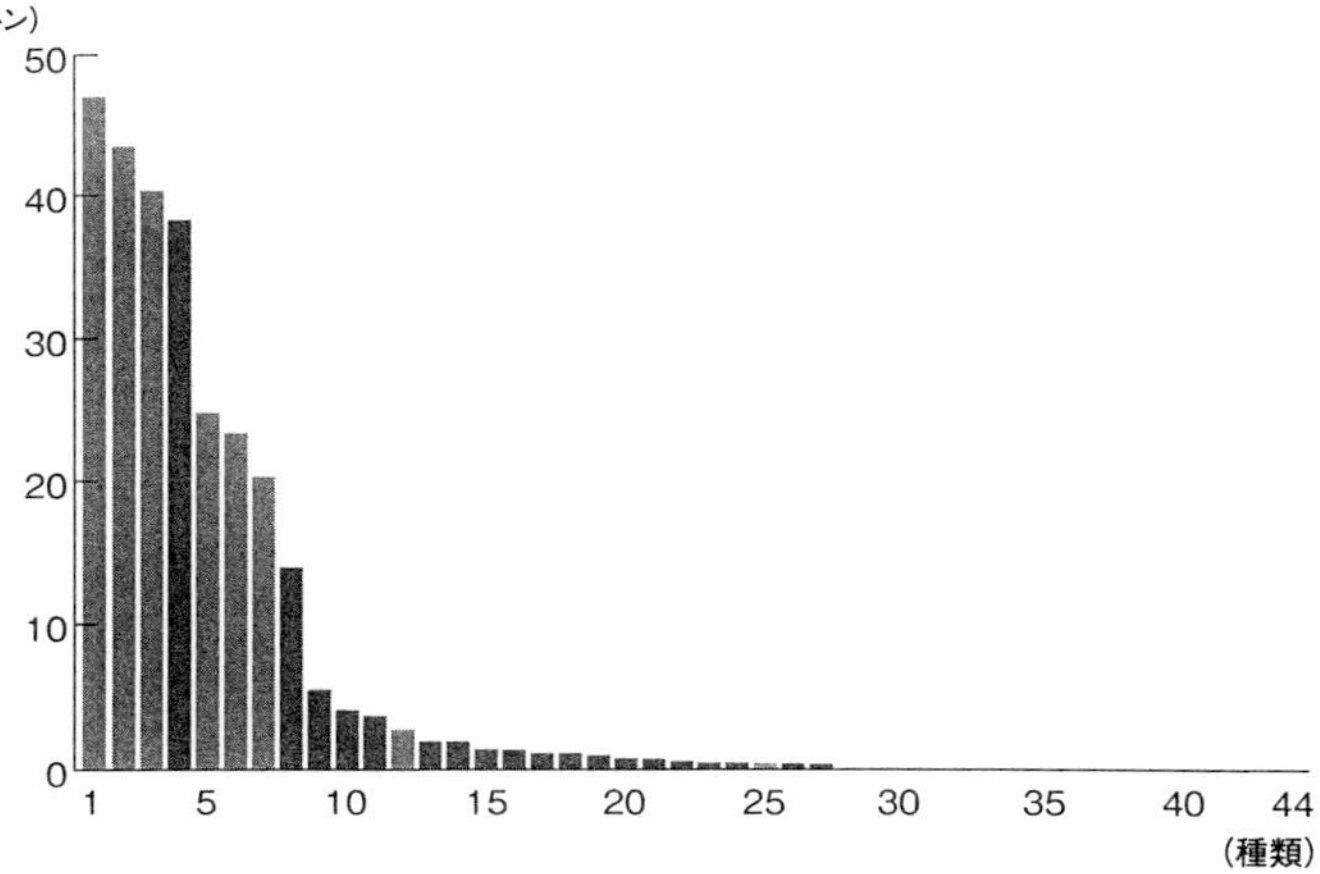

出典：農林水産省「漁業・養殖業統計年報」をもとに作成

定されている魚種です。それらに、カタクチイワシ、ホッケ、ブリを加えれば、日本の漁獲量全体の約七割をカバーできます。まずは、一〇魚種に絞って、しっかりとした漁獲枠制度を導入するのがよいと思います。

④IQ方式の導入

早獲り競争を抑制するために、漁獲枠をあらかじめ個別配分する必要があります。TACは資源状態によって変動するので、個々の漁業者や漁船にはTACの一定の割合を配分するようにします。たとえば、一パーセントの漁獲枠を持っている人には、TACが一〇〇万トンならその一パーセントの一万トン、TACが一〇万トンならその一パーセントの一〇〇〇トンの魚を獲る権利が与えられます。

日本の漁業は、大臣許可漁業と知事許可漁業の二つに分類できます。それぞれ経営実態が異なるので、実態に応じた配分制度が必要です。

大臣許可漁業の多くは、地方の中小企業によって経営されています。諸外国の事例を見ると、大型船については漁獲枠を漁船ごとに配分するのが一般的です。日本の場合は、一つの経営体で複数の船団を持っている場合も少なくありません。船に漁獲枠を配分するよりも、経営体に漁獲枠を配分したほうが、経営の自由度が増します。

たとえば、ある漁業会社が、旧型の冷蔵設備しかない漁船A丸と、最新鋭の冷蔵設備のある漁船B丸を所有しているとします。漁獲枠が経営体に配分される場合には、資源が豊富で漁獲枠が多く配分される年には、A丸とB丸がフル稼働するかもしれませんが、資源が減少して漁獲枠が少ない年には、質の高い魚を水揚げできるB丸のみを稼働させるということも可能です。もし、漁獲枠が船に与えられるとすると、漁獲枠が少ない場合でも、A丸の漁獲枠はA丸で漁獲をする必要があります。

沿岸漁業は、小規模な個人経営の漁師がたくさんいます。漁法や漁場などもそれぞれ人によって違います。国や県が、こういった事情を配慮して、個人に漁獲枠を配分するのは、現実的ではありません。漁業協同組合に漁獲枠を配分し、その内部で配分してもらうほうが合理的でしょう。組合内の話し合いで漁獲枠を配分するほうが、行政が配分するよりも、柔軟な操業が可能です。

⑤個別漁獲枠の譲渡ルールに関する議論を始める

ＩＱ方式を導入する際に、配分された漁獲枠の譲渡についても議論をする必要があります。世代交代をするには、漁獲実績を持たない新規参入者に漁獲枠を配分するための仕組みが不可欠です。中長期的には、漁獲枠を固定し続けるわけにはいかないのです。個別配分した漁獲枠を譲渡するためのルールは、慎重に決める必要があります。譲渡の自由化をどこまで進めるかによって、漁業の今後の方向性が、大きく影響されるからです。

漁獲枠の譲渡（売買）の自由化を進めると、漁獲枠を経済的に有効利用できる経営体に漁獲枠が集まります。結果として、漁業全体の経済性が高まる反面、漁業者の減少や、漁獲枠の寡占化などの負の影響も懸念されます。逆に、漁獲枠の譲渡を厳しく制限した場合、漁獲枠を経済的に有効利用できない漁業者の漁獲枠がそのまま維持されるため、経済的な最適化は進みません。その一方で、漁業の雇用を守ることになります。

どちらもＩＱ方式を採用していながら、譲渡を厳しく制限しているノルウェーと、譲渡の自由化を進めているニュージーランドの制度を、比較してみましょう。

ノルウェー方式（船をスクラップにする場合のみ譲渡が可能）

漁業者の政治力が強いノルウェーでは、漁業者の既得権を維持するために、漁獲枠を漁船に貼り付けました。漁船のオーナー（＝漁業者）以外は、漁獲枠を所有することはできません。漁業者間でも、漁獲枠の売買は原則として禁止されているのですが、漁船をスクラップにする場合に限り、他の漁船へ漁獲枠を移転できます。

ノルウェーは、大型船も含めて、漁業者の多くが家族経営です。漁業は家業であり、子供が親の船を継ぐのが当たり前です。親から子供へ漁獲枠が船ごと譲られるケースが多いようです。ノルウェーでは、漁業者の世代交代がうまくいっており、漁業者の平均年齢も若いです。一方で、漁業者の子供以外は漁業に就けないという社会的な不平等が生じています。そこで国が漁獲枠の一部を買い取って、新たに配分する制度を導入し、新規参入の促進に努めています。

ニュージーランド方式（漁獲枠の自由な譲渡が可能）

ニュージーランドは、経済効率を高めるために、漁獲枠の自由な取引を認めています。

大資本が漁獲枠を買い集めることを容認しているのです。ニュージーランドでは、漁業者以外でも、漁獲枠を所有することができます。漁業者の既得権を守ることよりも、漁業への外部資金の流入を促し、国際競争力をつけようという意図があります。

ノルウェーの漁業改革について詳しくは第五章で、ニュージーランドについては第六章で説明します。

日本はどうすべきか?

漁業者の既得権を重視するノルウェーと、漁業の経済規模の拡大を優先するニュージーランドでは、目指す漁業が大きく異なります。しかし、どちらの国の漁業も、水産資源をよい状態に維持しながら、高い利益を上げています。持続的に儲かる漁業の方程式（控えめな漁獲枠設定と漁獲枠の個別配分）をきちんと導入しているからです。

日本国内では、ニュージーランドのように経済の自由化を進めていくと、弱者切り捨てにつながるという指摘があります。では、漁業における経済の自由化を推進しているニュージーランドでは、漁業者はどれぐらい減ったのでしょうか。ニュージーランドがＩＴＱ方式を導入した一九八六年から二〇〇〇年までの日本とニュージーランドの漁業者数を比較してみましょう。日本は、一四年間に、漁業者が約四割減少したのに対し、同じ期間にニュージーランドの漁業者は一割しか減りませんでした。経済原理を無視して漁業者を政治的に保護している日本のほうが、漁業者が減っているのです。

漁業に携わっているのは漁業者だけではありません。加工もまた、漁業による雇用です。水産加工業も含めれば、ニュージーランドでは、漁業の雇用は増えています（図4-7）。人間の漁獲能力が自然の生産力をはるかに超えている現状では、魚を獲る人間はそれほど必要ではありません。漁業を成長させる鍵は、より多く獲ることよりもむしろ、魚の価値をいかに引き出すかです。ニュージーランドの漁業は全体の雇用を増やすと同時に、過剰な漁獲分野から、必要な加工分野へと労働者が移動することで、「多く獲る漁業」から、「高く売る漁業」へと、産業構造が変化したのです。

乱獲を放置している日本では、水産業全体が下り坂です。何もしなければ、一〇年後には流通業者は半分以下になりそうな勢いです。日本の漁業者は六〇歳以上が大半で、五〇代が「若手」という浜すらあります。漁船の乗組員は、インドネシア研修生に置き換わっています。適切な資源管理をしなければ、漁業は産業として成り立たず、雇用は減少します。漁業者を減らすためにもっとも有効な手段は、資源管理をしないことです。

経済性を追求すると、雇用や地域経済が犠牲になるわけではありません。漁業全体のパイが大きければ、それだけ多くの人間を食べさせることができます。日本では漁業の生産性が低すぎるから、基幹産業として地方経済を支えることもできなければ、地域の雇用も生まれないのです。

日本も、持続的に儲かる漁業の方程式をできるだけ早く導入すべきです。まずはノルウェーを手本にして、漁獲枠の譲渡を制限した個別漁獲枠方式を導入するのがよいと思います。そのうえで、ニュージーランドのように、漁獲枠の譲渡によってさらなる経済的最適化を図るかどうかは、時間をかけて、慎重な議論をすべきです。漁獲枠の私有権を認めたうえで譲渡を自由化すれば、元に戻すのは困難です。望まない形で寡占化が進んでしまった場合、取り返しがつかなくなります。譲渡ルールに関しては、焦る必要はまったくありません。日本は資源にも市場にも恵まれていますから、漁獲枠譲渡の自由化を進

図4-7　ニュージーランドの水産加工業および漁獲の就業者数

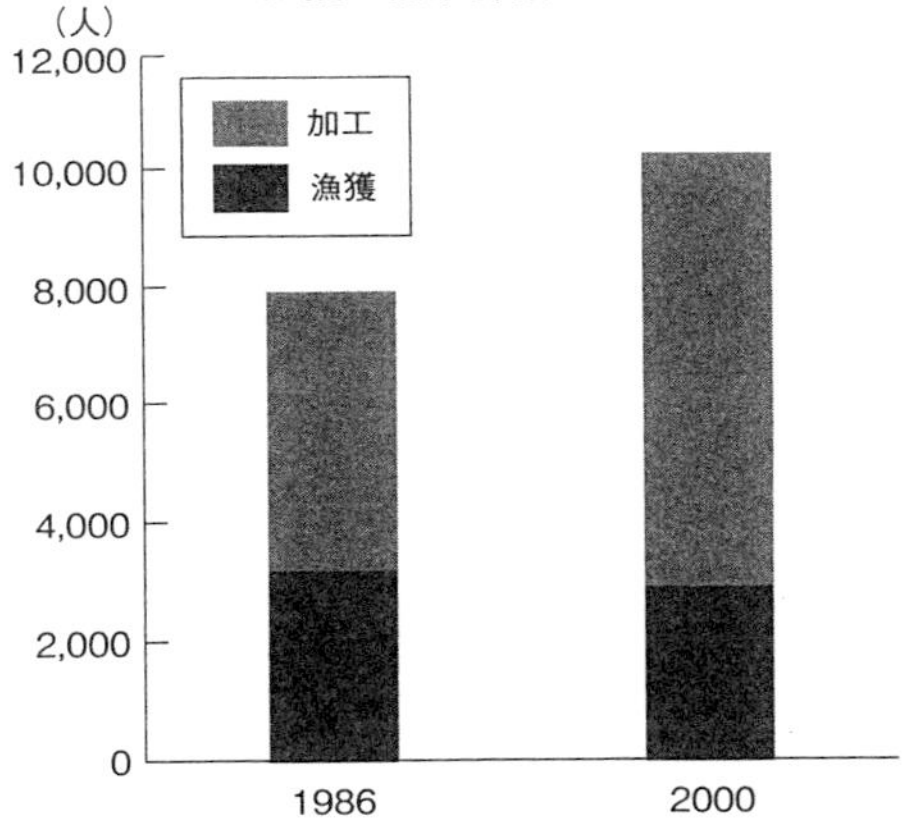

出典：ニュージーランド漁業省

めなくても十分な利益が出るはずです。

日本とノルウェーのサバ漁業の比較

持続的に儲かる漁業の方程式を導入した漁業と、そうでない漁業の違いを理解するために、日本のサバ漁業と、IQ方式を導入しているノルウェーのサバ漁業を比較してみましょう。

ノルウェーのサバは、今でこそ日本の食卓に欠かすことができませんが、大量に輸入されるようになったのは、一九九〇年代に入ってからです。乱獲によって日本近海のマサバが激減し、十分な原料が確保できなくなりました。困った日本のサバ加工業者は、海外にサバを探しに行きました。

ノルウェーでは、サバをあまり食べません。ノルウェーの小売店でサバを探しても、トマト煮の缶詰があるぐらいです。それまでノルウェーでは、サバは養殖の餌にしかならない、価値の低い魚でした。そのサバが日本市場で高く売れるということで、ノルウェー人は、日本市場をターゲットに、サバ漁業の構造改革を行いました。現在は漁獲したサバのほとんどを冷凍し、日本を含む海外に鮮魚として輸出しています。

日本もノルウェーも、同じ日本のサバ市場をターゲットにしているのです。また、魚の質も大きな差がありません。日本のサバ漁業とノルウェーのサバ漁業の最大の違いは、資源管理をしているかどうかです。ノルウェーは船ごとに漁獲枠を配分するIQ方式を導入しています。さらに、サイズ規制も厳しく、未成魚の漁獲が多い海域は禁漁区になります。一方、日本では、サバのサイズ規制はありません。資源の持続性を無視した過剰な漁獲枠が設定されているうえに、漁獲枠の超過も放置されているので、実質的には無管理と言ってよいでしょう。

日本のマサバは、大型巻き網漁船による一九八〇年代の乱獲で激減しました。八〇年代に産卵群をほぼ獲り尽くした大型巻き網船団は、九〇年代に、漁具メーカーと共同で、小さな魚が見えるソナーを開発しました。これによって九〇年代から、〇歳、一歳といった未成魚中心の漁獲になりました。これらの未成魚はやせ細っていることから、ローソクサバと呼ばれ、日本の食卓に並ぶことはまずありません。乱獲された小サバは、消費者の目に触れることなく、ただ同然の値段で、養殖の餌になったり、途上国に投げ売りされています。

国内漁業では大型のサバを安定供給できないので、日本のサバ市場はノルウェーからの輸入に頼っています。我々はノルウェーサバとして認識していますが、スペイン沿岸で産卵をして、ベーリング海へと回遊する国際資源です。このサバは、ノルウェー付近で、産卵に向かう群れを形成します。一番脂がのったサバが獲れるのはノルウェーの沿岸なので、我々日本人はノルウェーのサバを買っているのですが、実はヨーロッパの多くの国によって利用されているのです。

ヨーロッパ中のサバの研究者が集まって、サバの漁獲枠を勧告します。持続性の観点から、非常に保守的な漁獲枠が設定される傾向にあります。比較的良好な資源状態にもかかわらずです。科学者が勧告した漁獲枠を、ＥＵ諸国とノルウェーが国ごとに配分します。漁獲枠の配分は過去の実績を重視しているのですが、厳しい国際交渉が繰り広げられます。

ノルウェーは国際交渉によって得たサバの漁獲枠を、国内で漁船ごとに配分します。大西洋サバは、夏にノルウェー沿岸に到着し、冬まで滞在します。夏にサバがやってきた時点では、脂がのりすぎていて価値が低いそうです。成熟が進むにつれて栄養が卵に移っていき、体脂肪が減っていきます。ノルウェーのサバ漁業者は、交代で試験操業を行い、サバの成熟度を確認します。そして、日本市場で値段がもっとも高くなる状態まで脂が減ったところで、皆でいっせいに漁に出かけます。個別漁獲枠方式によって早獲り競争を抑制しているので、魚が来たら我先に獲るのではなく、単価が上がるまでじっくりと待てるのです。

一方、日本では、運良く生き延びた少数の親魚によって、資源が何とか存続している状

図4-8　日本とヨーロッパのサバの資源量と漁獲の年齢組成

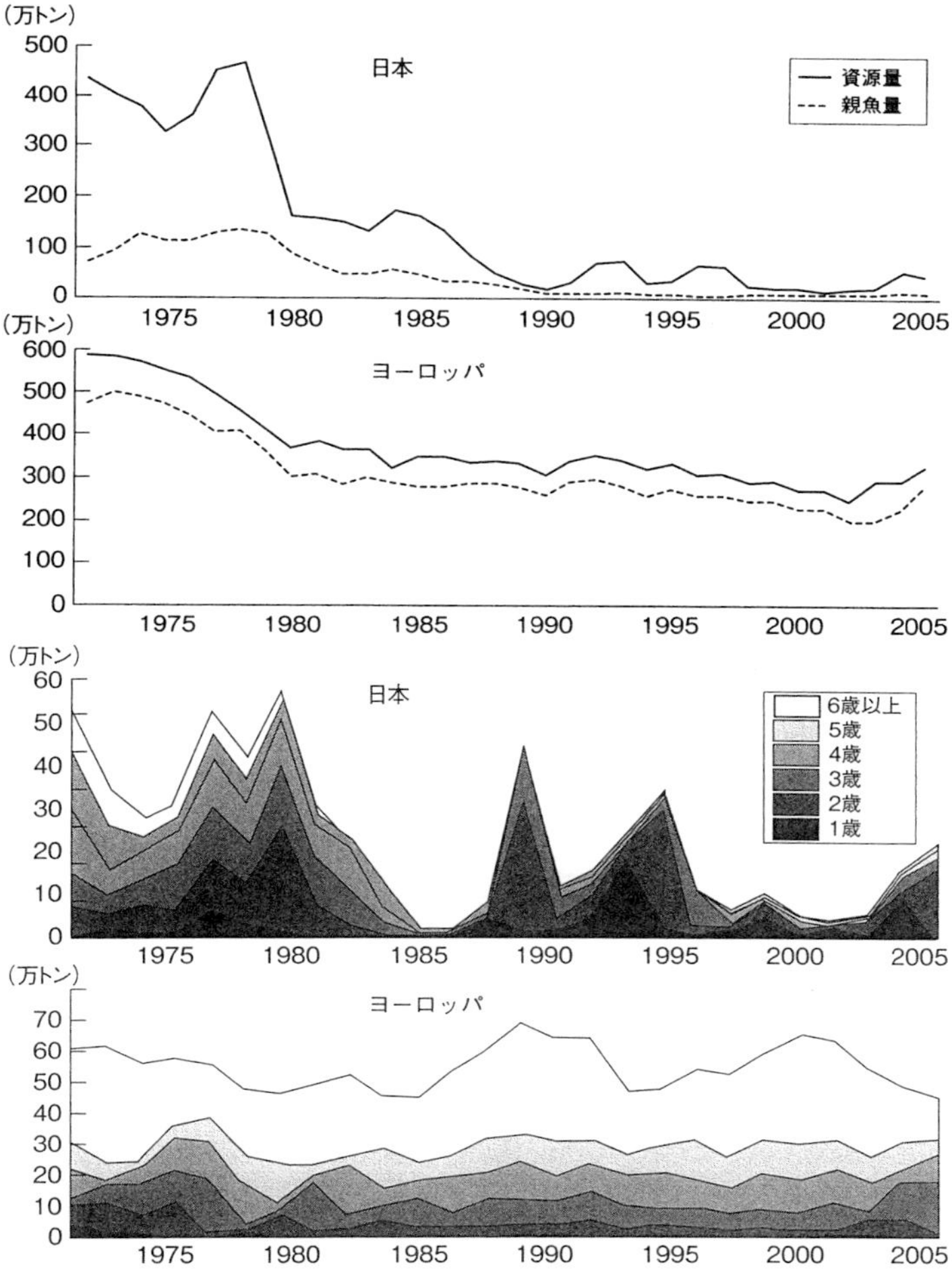

出典：水産総合研究センター「資源評価票」およびReport of the Mackerel Working Group, ICES CM をもとに作成

態です。運良く卵の生き残りがよくても、未成魚を中心に獲れるだけ獲っている日本の漁獲量は安定しないし、利益も出ません。日本とヨーロッパのどちらが持続的に儲かる漁業なのかは一目瞭然です。

実は管理をしやすい日本のサバ漁業

日本のサバ漁業は乱獲で自滅をして、なすすべもなくノルウェーサバに自国の市場を奪われてしまいました。これは、あってはならないことです。サバ漁業に関して言うと、ノルウェーよりも日本のほうが、圧倒的に資源管理がやりやすいのですから。

ノルウェーが利用しているサバ資源は、北部ヨーロッパを大回遊する国際資源であり、漁獲をしている国は二〇カ国以上。ノルウェーはシェアの三割を持っているにすぎません。最近、大西洋サバの回遊経路が西にずれたため、これまでは漁獲をしていなかったアイスランドが独自に漁獲枠を設定して、サバを漁獲するようになりました。アイスランドと、EU・ノルウェーの双方が譲らずに、国際問題になっています。

サバ類は、日本の食卓を支える大黒柱であり、成長するのを待ってから獲れば大きな利益が期待できます。日本では、ノルウェーと逆のことを二〇年間以上続けた結果として、資源は減少し、漁業は衰退してしまいました。これはサバに限ったことではありません。

マイワシ、第八章で詳しく説明するクロマグロなど、多くの資源が価値が出る前に漁獲されているのです。

第五章　ノルウェーの漁業改革

漁業者の自己改革は望み薄

世界には、資源管理に成功して、漁業が高い利益を上げている国が多数存在します。順調な漁業のほとんどは、すでにＩＱ方式を導入して「持続的に儲かる漁業の方程式」を実践しています。最初にＩＱ方式を導入したのは、ノルウェーやニュージーランドなどの資源管理先進国でした。これらの漁業国の成功を目の当たりにした他の漁業国（たとえばオーストラリア、アメリカ、チリ、アルゼンチン、韓国など）も、後追いでＩＱ方式を導入し成果を上げつつあります。

日本の漁業は、一九七〇年代から停滞し、衰退の一途をたどっています。日本の漁業者は、「このままでよいとは思っていない」と口を揃える一方で、具体的な行動を起こしません。結果として四〇年もの間、漁業が衰退を続けて、現在に至っています。

過当競争と乱獲を防止するための資源管理は、漁師が生計を立てるために必要不可欠です。しかし、その導入には当事者が大反対をするという困った構図があります。筆者には、漁獲規制の導入に反対する漁業者の気持ちも理解できます。「漁獲量が規制されていない現状でも、生活が厳しいのに、漁獲量が規制されたら食っていけない」と思うのは自然なことでしょう。日本にIQ方式を導入するのは、なかなかハードルが高そうです。

漁業改革には国民の声が不可欠

では、他国はどのようにしてIQ方式を導入したのでしょうか。筆者はノルウェーやニュージーランドが、世界に先駆けてIQ方式を導入した当時の状況に着目しました。これらの国がIQ方式を導入したのは一九八〇年代です。当時は、IQ方式の成功例はありませんでした。前例がない状態で、どのようにして漁業制度を大転換したのでしょうか。

何年にどういう制度を導入したかというようなことは、様々な文書からわかるのですが、そこに至るまでの詳しい経緯については、記録としては残っていません。ノルウェーやニュージーランドの漁業改革では、誰がイニシアチブをとったのか。漁業者はどういう反応をしたのか。そうした当時の状況を当事者から聞くため、筆者は、ノルウェー、ニュージーランドを何度も訪問し、漁業者、行政官、加工業者、消費者、保護団体など、様々な立場の人から、IQ方式を導入する前後の状況について、聞き取り調査を行いました。

その結果わかったことは、どちらの国も漁業者は規制に猛反対をしたということです。他の国を見ても、意識が高い漁業者が自発的に漁業改革をしたような事例は、見あたりませんでした。では、漁業規制導入の原動力は何かというと、国民世論です。非漁業者が乱獲の継続を許さなかったのです。ノルウェーもニュージーランドも自然保護団体が強い力を持っています。海は漁業者のものではなく、国民全体の共有物という意識が、国全体に浸透しており、漁業者が乱獲をすることは、社会的に許されなかったのです。

本章では、ノルウェーの漁業改革の歴史を整理してみましょう。

ノルウェー漁業の歴史

ノルウェーの最近の三〇年の歩みは、日本漁業の将来を考えるうえで、貴重なモデルケースになります。一九六〇年に海底油田が発見されて、ノルウェーの国家財政は潤いました。ノルウェー政府は、すでに儲からない産業になっていた漁業に、潤沢な補助金を与えました。補助金によってもたらされた漁獲能力の向上が、乱獲につながり、いくつかの重要資源の減少が一九七〇年代には顕著になりました。

一九七〇年代中頃までのノルウェー漁業は「補助金漬け→過剰な漁獲努力→資源枯渇→漁獲量減少」という現在の日本と同じ状況にありました。乱獲スパイラルに巻き込まれて、多くの漁業・資源が瀕死の状態だったのです。そこから、ノルウェーは漁業政策を転換して、二〇年がかりで漁業を立て直しました。減少した資源を回復させて、漁業生産金額を着実に伸ばしています。実に勇気づけられる話です。

資源の枯渇が顕著だった北海ニシンを例に、ノルウェーがどのようにして漁業を立て直したかを見ていきます。この資源の長期的なデータはICESのレポートにまとまっています[1]。北海ニシンは、ノルウェーにとって伝統的に重要な資源であり、ピークの一九六五年には一二〇万トンもの水揚げがありました。しかし、過剰な漁獲圧によって、六〇年代後半から坂道を転がり落ちるように漁獲量は減少したのです（図5-1）。

北海ニシンの産卵親魚バイオマス（成熟魚の重量）は、図5-2のようになります。一九六〇年代には二〇〇万トンを超える産卵親魚が存在したのが、その後激減し、七〇年代には一〇万トンを割っています。資源の存続にとって危機的な状況です。しかし、八〇年代に資源の回復に成功し、現在も高い水準を維持しています。北海ニシンの危機的な状況は去ったと言えるでしょう。

一九六〇年代後半から、資源が減少するに従って、漁獲率が急上昇しました。資源が少なくなると、漁業者は頑張って獲るようになるので、漁獲圧がますます強まるという悪循環です。六〇年代後半から七〇年代前半には、成魚の年間の漁獲率は、六〜八割にも達しました。七〇年代中頃には、このまま漁業を放置すれば、資源は崩壊し、漁業も壊滅するこ

図5-1　北海ニシンの漁獲量

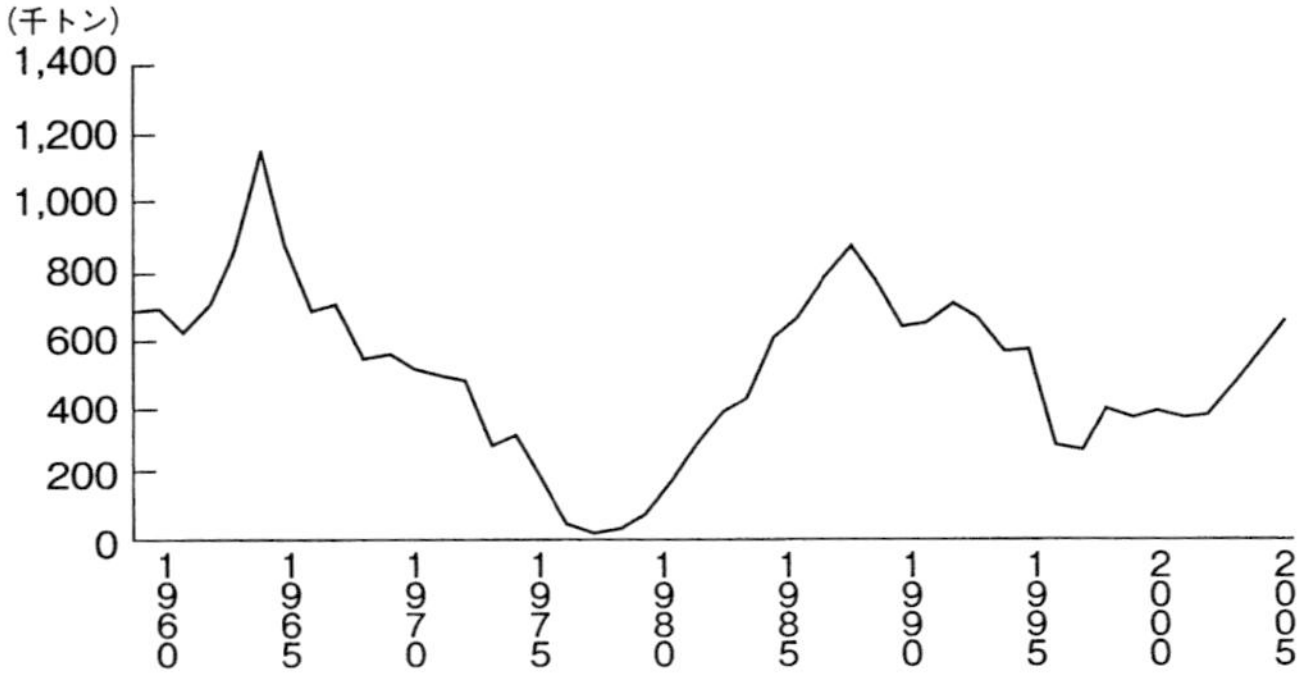

出典：ICES2006 をもとに作成

図5-2　北海ニシンの産卵親魚バイオマス

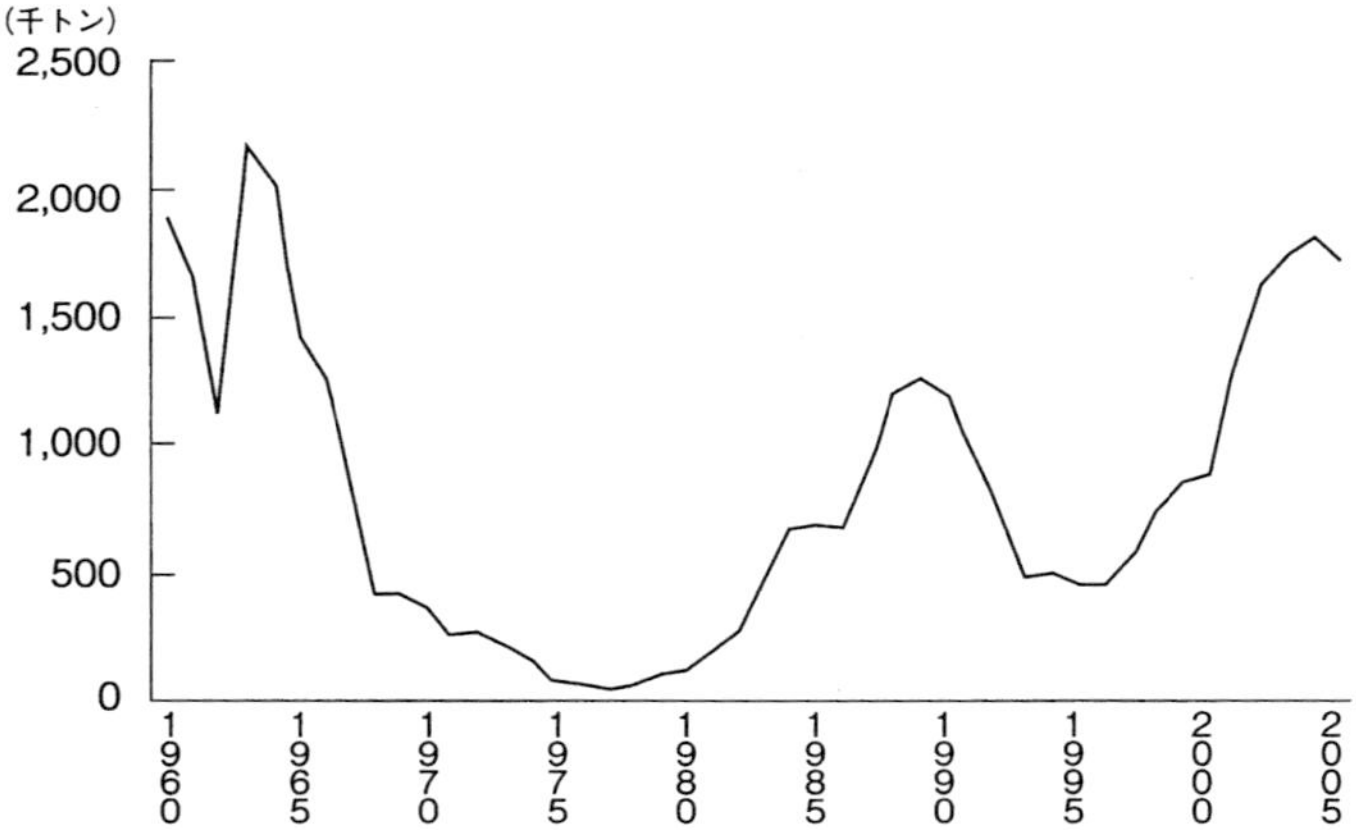

出典：ICES2006 をもとに作成

とは明白でした。そこで、ノルウェー政府は、厳しい漁獲量規制を行ったのです。

それまで年間の漁獲率が七〇パーセント程度だった漁業を、いきなりほぼ禁漁にしたのだから、かなり思い切った措置と言えます。当然、漁業は大混乱したのですが、これによって崩壊の瀬戸際にあった資源を生き返らせることができました。まさに、首の皮一枚で、資源が生き返ったのです。あと一歩でもブレーキをかけるのが遅ければ、資源が壊滅し、漁業が成り立たない状態になっていたかもしれません。最後まで無規制に漁獲を行った北海道のニシンは、五〇年前にほぼ姿を消してしまいました。

禁漁の効果は、徐々に現れて、一九八〇年代には資源は目に見えて回復しました。資源の回復にあわせて、漁獲量も徐々に回復しましたが、資源の持続性を維持できるように厳しい漁獲規制を続けています。資源は以前の水準に戻っても漁獲率は低く抑えられたままです。

近年、漁獲量が伸びていないのは、過去の失敗に学び、獲りすぎないように厳しく漁獲規制をしているからです。産卵親魚バイオマスを見ればわかるように、資源状態はきわめてよい状態にあります。短期的な漁獲量を追求するのではなく、資源をよい状態に保ちつつ、ほどほどの漁獲量で利用しているのです。控えめな漁獲量にする代わりに、魚の質を向上させることで、世界的な魚の値上がりを背景に、着実に生産金額を増やしています。

ノルウェーの漁業改革

北海ニシンの激減を機に、ノルウェーは国の漁業政策を大転換させました。その具体的な内容を見ていきましょう。

ノルウェー政府の基本政策
①ＩＱ方式を導入し、質で勝負する漁業への転換を促す
②補助金を減らして、水産業の自立を促す
③過剰な漁業者の退出を促進する

①ＩＱ方式を導入し、質で勝負する漁業への転換を促す

漁獲規制の結果、資源量は回復し、現在は高い水準に維持されています。浮魚（ニシン、サバなど）・底魚（タラなど）ともに、一九八五年から倍以上に回復しました（図5-3～図5-5）。

ノルウェーは厳しい漁獲規制をすることで有名です。カペリン（カラフトシシャモ）の

図5-3　浮魚の産卵親魚バイオマスの合計値

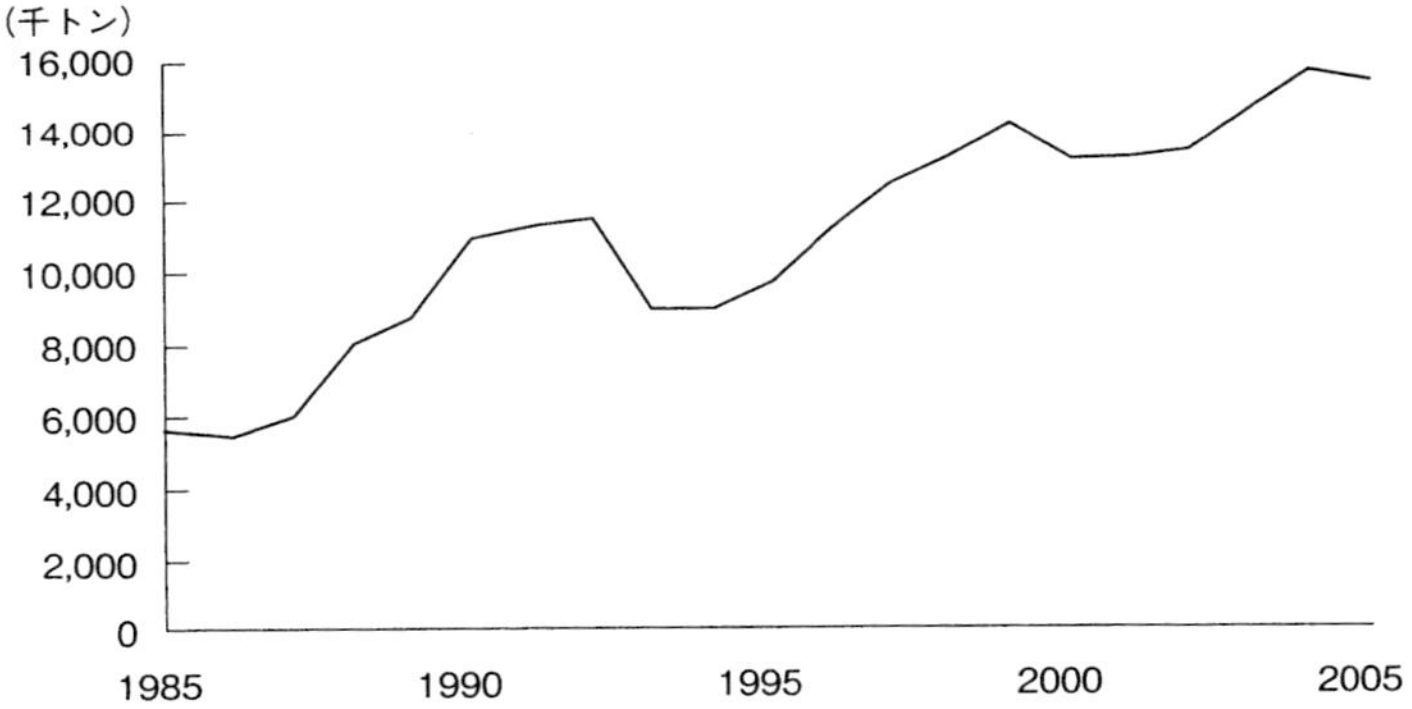

出典：http://www.fiskeridir.no/english/content/download/15861/131010/version/3/file/nokkeltall08.pdf をもとに作成

図5-4　底魚の産卵親魚バイオマスの合計値

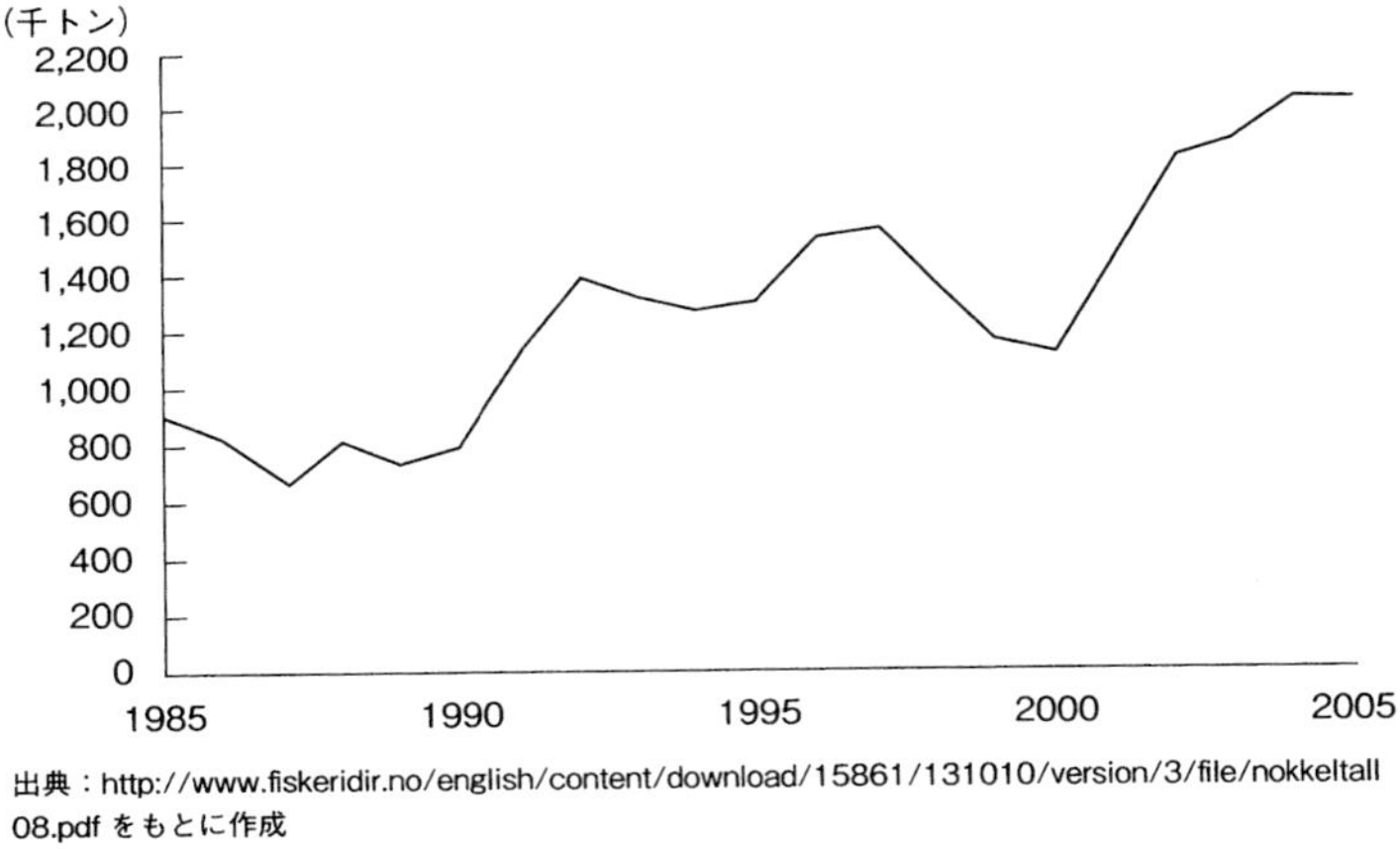

出典：http://www.fiskeridir.no/english/content/download/15861/131010/version/3/file/nokkeltall08.pdf をもとに作成

図5-5　ノルウェーの漁獲量

出典：http://www.fiskeridir.no/fiskeridir/content/download/5459/43391/file/rapport2004.pdf をもとに作成

資源が減少した際には、科学的なアセスメントに基づき、二〇〇四年から五年間にわたって禁漁にしました。この資源の減少は、乱獲や不適切な資源管理により引き起こされたのではなく、自然変動と考えられています。

減少理由にかかわらず、資源が減少したときには、素早く漁獲圧を削減することが重要です。資源を減らしすぎると、産卵に十分な親魚が集まらず、資源の回復に時間を要することになるからです。

たとえば、カナダのニューファンドランドのタラは、乱獲で資源を減らしすぎたために、二〇年以上禁漁にしても、漁業をできる水準まで資源が回復しません。同様の事例は、世界中で観察されています。しかし、資源減少の初期は、魚がまだ獲れるので、漁獲を停止するのはなかなか困難です。

日本でも禁漁による資源回復の事例として、秋田のハタハタが知られています。ハタハタが禁漁になったのは、禁漁してもほとんど収入に影響がない水準まで資源が減少してからです。ほとんど漁獲がないほど減少してから、短期間の禁漁で回復した秋田のハタハタの事例は幸運であったと言えそうです。

ノルウェーは、資源が回復するとともに、徐々に漁獲量を増やしていき、以前の水準まで回復しました。その後、資源量は増加傾向にあるのですが、過去の失敗から学んだノルウェーは漁獲量を増やすことに慎重です。漁獲量をぎりぎりまで増やして、短期的な利益を得るよりも、漁獲量を安定させて、質の高い魚を安定的に供給するほうが重要と考えているのです。

ノルウェー漁業の生産金額は、上昇の一途をたどっています（図5-6）。世界中で魚の需要が高まり、魚価が上昇しているので、漁獲量が横ばいでも収益は増えるのです。豊富な資源から需要があるサイズを安定的に供給できるので、日本のように獲れる魚を場当たり的に獲りきる漁業よりも、価格の面で圧倒的に有利です。「漁獲量を安定させ、単価を

図5-6　ノルウェーの漁業生産金額

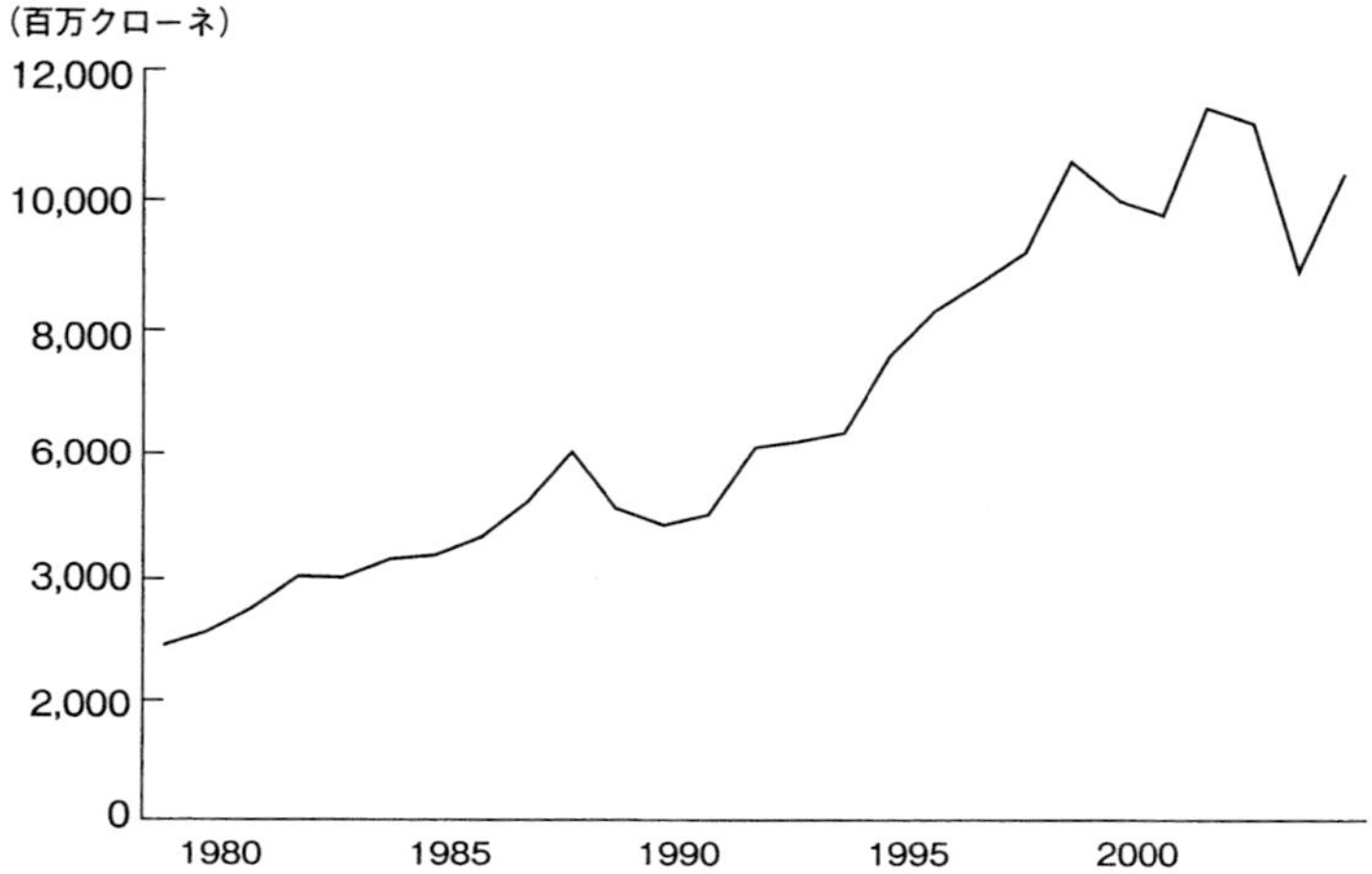

出典：http://www.fiskeridir.no/fiskeridir/content/download/5459/43391/file/rapport2004.pdf をもとに作成

上げる」というのが、ノルウェー漁業の基本戦略です。限りある海の生産力を持続的に利用するという観点から、合理的な政策と言えるでしょう。

魚価の向上に大きく貢献したのがＩＱ方式の導入です。ノルウェーは船ごとに漁獲枠を配分しています。自分の船が利用可能な漁獲量が限られているので、漁業者はライバルよりも早く獲る必要がありません。海という冷蔵庫に在庫を保管しているようなものです。第四章で紹介したサバ漁業のように、相場を見て、一番高く売れそうなときに獲りに行けばよいことになります。

ＩＱ方式は漁業という産業のあり方を根幹から変えます。日本の巻き網漁船はライバルよりも早く魚群を見つけるためにエンジンを強化し、遠くの魚群がよく見えるソナーを導入しています。早獲りのための装備に重点投資をしているのです。その結果として、少なくなった資源をさらに痛めつけて、資源も産業も破壊しているのです。ノルウェーのサバ漁船は、日本の巻き網漁船と比較するとサイズは小さいうえに、網も大きくありません。ノルウェーの漁業者は、早獲り競争のためにコストをかける必要がないからです。その代わり、魚を傷つけずに水揚げするためのフィッシュポンプや、獲った魚を冷やしておく冷凍設備などを充実させています。限りある資源の価値を高める方向に漁船が進化しているのです。

群れを一網打尽にする巻き網は、日本では破壊的な漁法の代表格とされています。しかし、巻き網という漁法自体に罪はありません。ノルウェーのようにきちんと漁獲量を管理していれば、持続的かつ生産的な漁法になるのです。漁獲効率の高い漁法での早獲り競争を放置していることが、問題なのです。

ノルウェーはＩＱ方式を導入し、質と安定供給で勝負する漁業に転換しました。結果として、魚価がコンスタントに上昇しています。資源の持続性を最優先にしてＩＱ方式で資源管理をすることで、質の高い魚を安定供給する。これがノルウェー漁業の生産性の秘密です。

②補助金を減らして、水産業の自立を促す

漁業補助金は、漁業者を目先の困難から救う代わりに、必要な変化を妨げて、漁業の生産性をじわじわと奪っていきます。ひとたび補助金に依存しだすと、それなしではやっていけなくなる、まさに麻薬のようなものです。ノルウェー漁業も一九七〇年代の補助金依存体質からの脱却には、一五年かかりました（図5-7）。

ノルウェーが漁業改革を始めた当初の一九八〇年代には、多額の補助金が産業に投入されました。この補助金は、非持続的な漁業を維持するためのものではありません。漁業者の過剰努力量が自然淘汰されるのを待っていては資源がもたないので、税金を使って退出を促したのです。ノルウェー政府は、漁業者が海底油田の海上作業員など様々な職に転職できるように、職業訓練を行いました。漁業者を票田としてしか見ていない国には、できない発想です。

ノルウェーは漁業者の社会福祉をないがしろにすることなく、徐々に漁業の構造改革を進めました。方向転換をしていた一九八〇年には、一二億クローネ（約二〇〇億円）の補助金が投入されました。構造改革が完了すると徐々に打ち切られ、現在の補助金はほとん

図5-7　ノルウェーの漁業補助金の推移

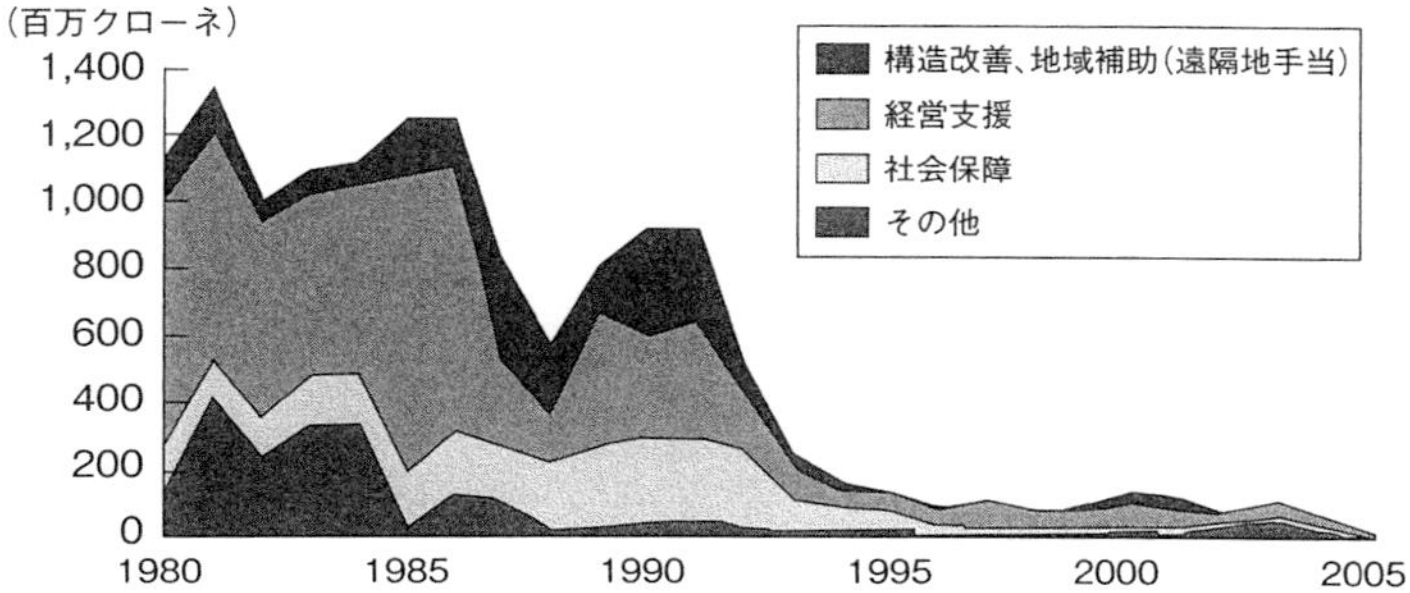

出典：http://www.fiskeridir.no/english/content/download/15861/131010/3/file/nokkeltall08.pdf をもとに作成

どゼロにまで削減されています。漁師が魚を獲ることで経済的に自立できるノルウェーでは、補助金は不要なのです。

ノルウェーでは、行政官ばかりか、漁業組合や漁業者までが、「漁業には補助金などないほうがよい」と口を揃えます。潤沢な補助金を投入していた時代には、非生産的な漁業が拡大し、結果として漁業という産業が衰退してしまいました。「不適切な補助金は、必要な変化を遅らせて方向転換を難しくするので、ないほうがよい」というのが、ノルウェーの漁業関係者の実感です。

この事例からわかるように、日本でも、漁業者を補助金で養うのではなく、漁業者が魚を獲って生活していけるようにする政策が、求められているのです。

③過剰な漁業者の退出を促進する

早獲り競争を容認している場合は、ライバルよりも魚を早く獲るために、魚を獲る能力が過剰になります。早獲り競争を抑制せずに補助金をつぎ込めば、無駄な設備拡大競争に拍車をかけることになります。一九七〇年代のノルウェーもまさにその状態でした。過剰な漁獲圧を減らすための政策としては、一般的には漁船の買い上げ制度が使われるのですが、漁船の買い上げは、多額の公的資金が必要になるうえ、思ったような成果が上がりません。それどころか、「魚を獲れるだけ獲って、資源がなくなれば、国に船を買ってもらって撤退する」という発想で、安易な投資を促進してしまう可能性すらあるのです。

ノルウェーは、非生産的な経営体の退出を促して、適正規模まで漁獲能力を減らすためにSQS（Structural Quota System）という独自の制度を導入しました。ノルウェーでは、船に漁獲枠が貼り付けられているのですが、船をスクラップにする場合に限り、他の船に漁獲枠を移すことができます（**図5-8**）。たとえば、図のBの船をスクラップにする場合に、この船に貼り付けてあった漁獲枠を他の船（この例ではA）に譲ることができるのです。それぞれの船が五パーセントの漁獲枠を持っていたら、譲渡後は一〇パーセントになります。

利益が出ない漁業者は、所有する漁獲枠を漁船ごと売却して、撤退できます。利益を出

図5-8　ノルウェーの漁獲枠の譲渡ルール

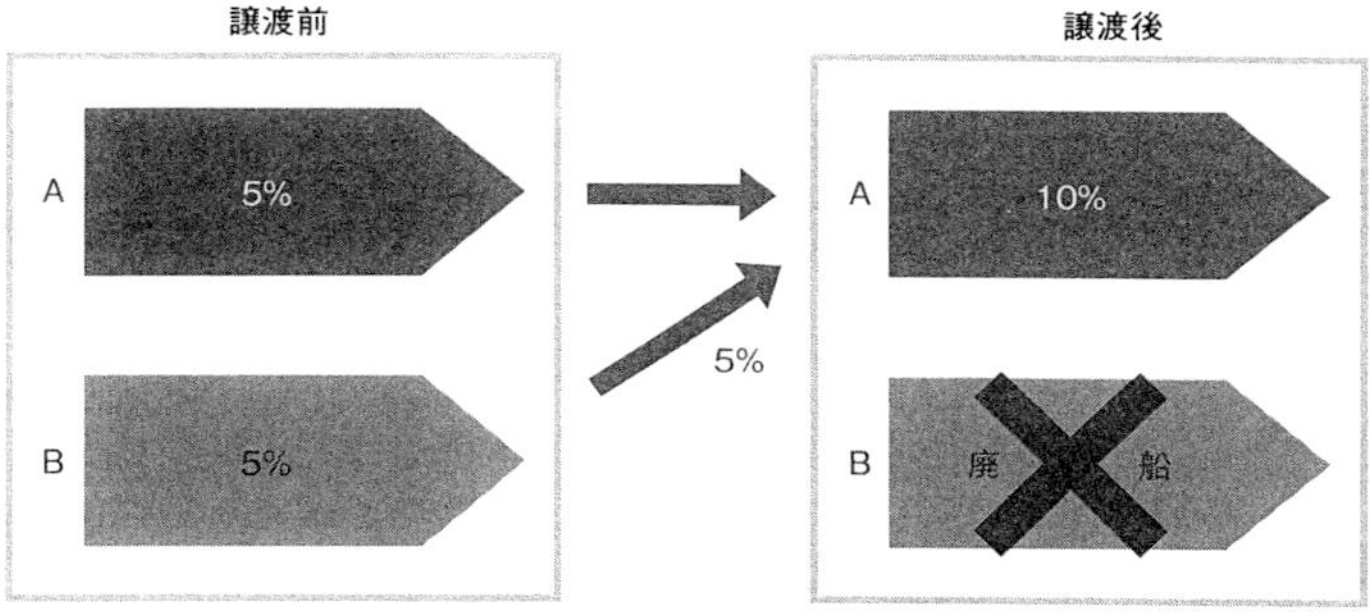

漁船をスクラップにする場合のみ、漁獲枠を他の漁船に移すことができる。

せる漁業者が、買い取った船をスクラップにして漁獲枠を自分の船に移すことで、減船が進みました。漁業から退出する人間には、退職金代わりのまとまった金額が入ります。漁獲枠を買い取った漁業者は、より多くの漁獲枠を手にすることになります。去る者にも、残る者にもメリットがある制度と言えるでしょう。この制度が功を奏して、公的資金を投入することなく、受益者負担で、漁船と漁業者を適正水準まで減らすことに成功しました。

最近は、SQSを利用した漁船のシェアが進んでいます。これまで別々の船で操業していた二つの漁業者のグループが、一隻の漁船をスクラップにして、一つの漁船に漁獲枠をまとめます。その漁獲枠をまとめた漁船を、交代で利用するのです。ノルウェーは水産資源を高水準に維持しながら、控えめな漁獲を行っています。全力で魚を獲れば、漁獲枠はあっと言う間に埋まってしまいます。そこで出てきたのが、複数の漁業者グループで漁船をシェアするという考え方です。漁業支出の大半を占める漁船の固定費が頭割りになるのですから、漁業経営にとって大きなプラスになります。

ノルウェーの漁業の民主的な意思決定

ノルウェーの漁業制度は合理的なのですが、それを支えているのが民主的な意思決定です。年に一回、漁業省が主催して漁業者代表ミーティングが開かれます。この会議で、来年の漁獲規制についての決定がなされます。代表ミーティングには、漁業関係者（代表）、科学者、環境NGO、行政官などが参加しますが、純粋に漁業者の話し合いの場であり、環境NGOと行政官は傍聴、科学者は助言をするのみです。

この漁業者ミーティングが、ノルウェーの漁業政策を方向づけます。漁獲枠の配分も、漁業者の話し合いで決まるのです。ノルウェーはほとんどすべての水産資源をEUと共有しているので、国としての漁獲枠はEUとの交渉により、外交的に決定します。そこで得た漁獲枠を国内でどう配分するかが、このミーティングの議題なのです。

たとえばコッド（タラの一種）の場合は、次のように細かく配分されています（図5-

図5-9　ノルウェーのタラの漁獲枠の国内配分

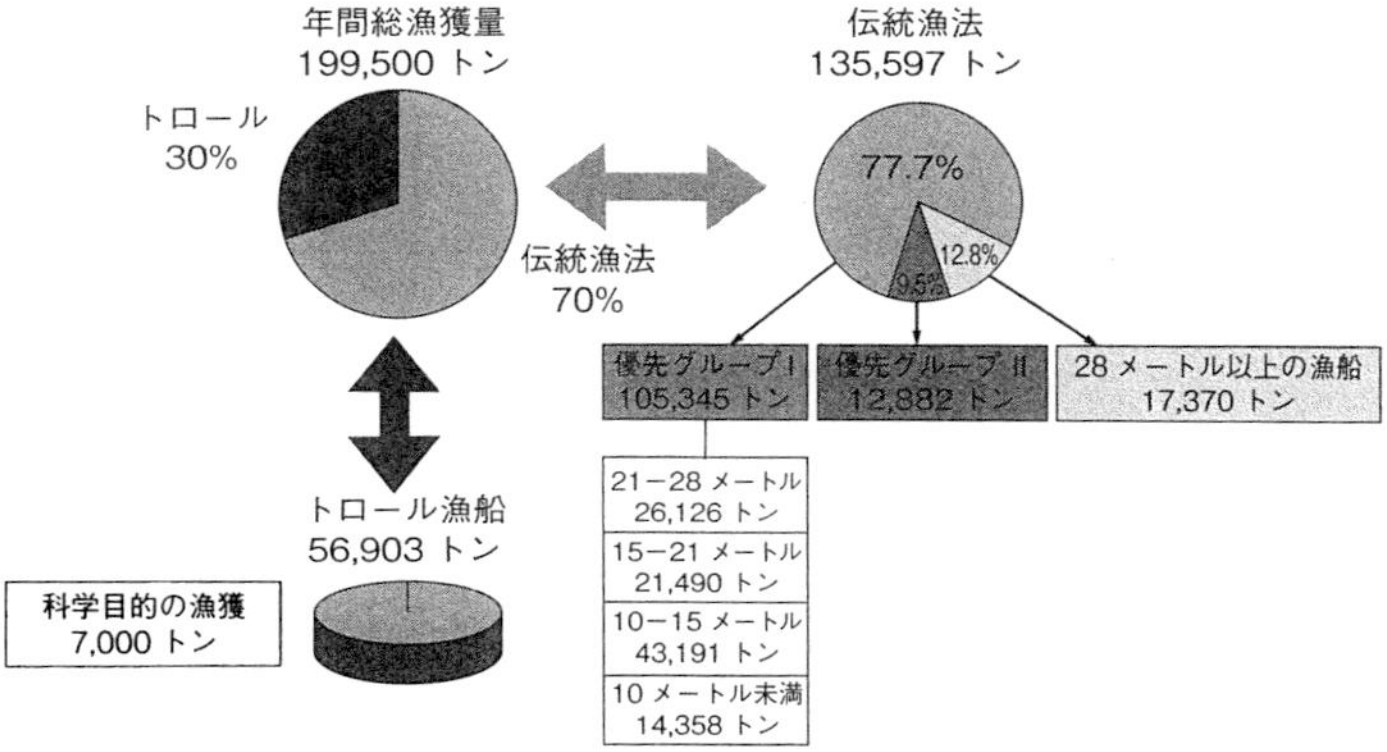

出典：Northegion Ministry of Fisheries and Coastal Affairs

9）。二〇〇七年のノルウェー全体の漁獲枠は一九万九五〇〇トン。このうち約三割がトロール漁船に割り当てられ、残りの約七割が伝統的な小規模漁業に配分されました。日本ではトロールや巻き網などの大型漁船が国の漁獲の約七割で、沿岸の小規模漁業者の漁獲は約三割です。このことからわかるように、実はノルウェーのほうが経営体の規模が小さいのですが、小規模漁業者の権利が確保されており、利益を上げているのです。

　伝統的な小規模漁業者の中でも、船の規模や漁具によって、さらに細かく漁獲枠を配分します。それらの配分は、すべて漁業者の話し合いで決まり、行政や科学者は口出ししません。行政の役割は、ここで決定された配分を遵守するように、法的な手続きを行い、監視・取り締まりをすることです。

我々日本の漁業関係者にしてみると、漁業者の話し合いで漁獲枠の配分が決定できるなど、信じがたいことです。皆が多くの漁獲枠を欲しいはずなのに、なぜ合意に至るのか、そのプロセスについて、根掘り葉掘り質問してみました。今でこそスムーズに漁獲枠を配分できるのですが、資源管理を開始した当初は、大もめにもめたそうです。いくつかの漁業では、漁業者グループの対立によって、漁獲枠の配分が決まらなかったとのことです。しかし、そのときのノルウェー政府の対応がすごい。何もせずに、放置しておいたというのです。配分が決まらなければ、魚を獲ることはできません。ノルウェーの行政官によると、「漁業者は、自分のことは自分で決定することができる。漁獲枠を配分せずに二年待ったら、お互いに納得のうえで、漁獲枠の配分をすることができたよ」ということでした。

ノルウェーでは、日本よりもきめ細かな漁具・漁法の規制が行われているのですが、漁具・漁法の規制についても、決定権は漁業者にあります。漁業者があらかじめ提案した素案の管理効果を科学者が評価し、レポートを作成します。そのレポートを参考にして、漁業者が話し合い、規制を導入するかどうかを決定するそうです。操業規制の決定についても、政府は基本的に介入しません。漁業者自らが決めたルールが守られているかを監視し、違反を取り締まるのが国の役割です。

図5-10　ノルウェーの漁業政策の決定プロセス

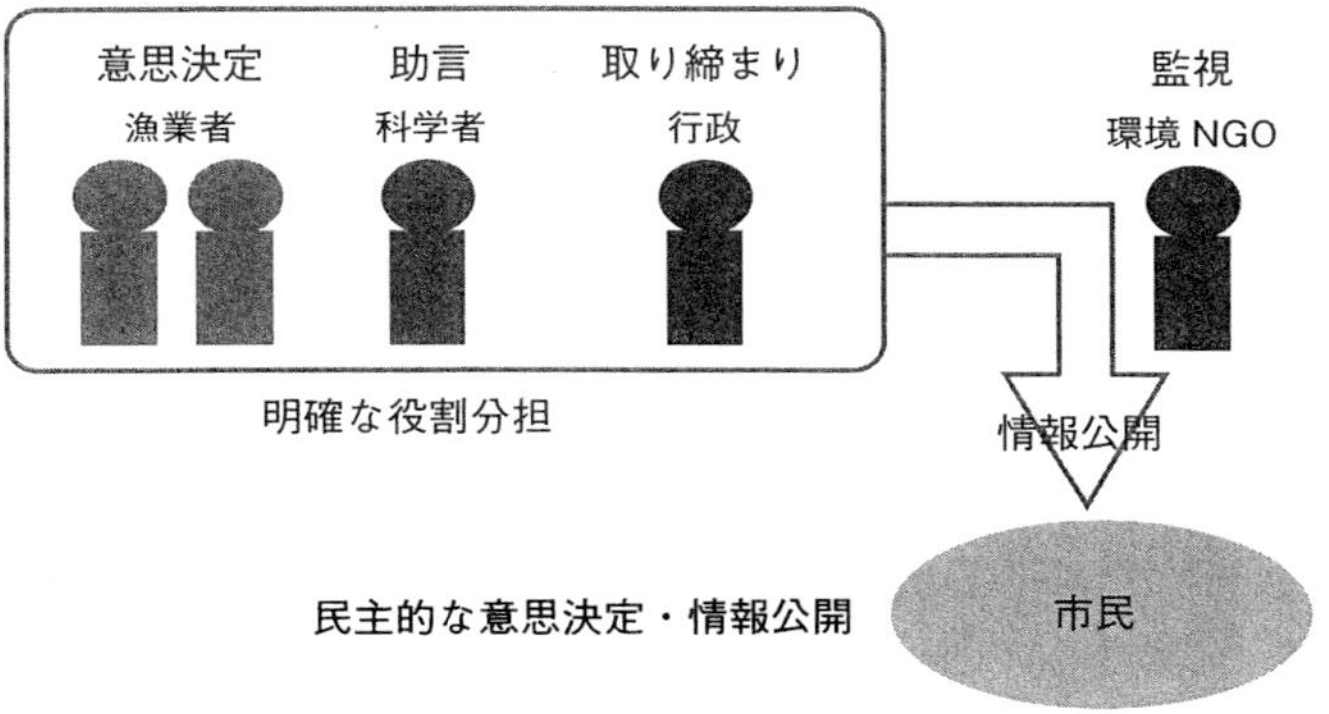

この意思決定過程を理解することで、ノルウェーが自己改革できた理由がわかったような気がします。漁業者自らがルールを決定するから、理不尽なルールや無駄なルールは改善される。科学者が助言を与えることで、政策に合理性をもたせている。そして、行政が漁業者の決定を尊重し、その取り締まりをしっかりするから、漁業者は皆がルールを守っていることがわかる。こうして漁業者は、納得のうえ、安心して、合理的な規制を守ることができるのです（図5-10）。

重要な点は、これらのプロセスすべてが、環境NGOを含む外部に公開されていることです。環境NGOは、漁業が国益に適う持続的なやり方で管理されていることを監視して、漁業者の決定に問題があれば、すぐにプレッシャーをかけます。ノルウェーの漁業組合の人間によると、「外部の目は業界にとっては重圧だが、漁業の健全化に不可欠」とのことでした。透明性がなく伏魔殿だらけの日本の水産業が衰退しているのとは、実に対照的です。

ノルウェーの漁業組合

ノルウェーの現地調査でもっとも感銘を受けたのが漁業組合です。ノルウェーの漁業組合は、組合員のために魚を高く売ることを至上命題にして、インターネット上で競りを実施しています。魚を獲った漁業者は、その場（海上）で漁獲重量と体重組成を計測します。インターネットオークションでは、正確な情報が流れることが重要なポイントなので、平均体重や体重組成の測定方法は、一トンにつき何キロ以上の魚を測定するといった、細かいことまで決められています。測定がいい加減な船は信用を失うために、オークションでの落札額が低くなるそうです。漁業者の申告と水揚げ内容が違うというクレームがあれば、組合の職員が必ずチェックし、不正確な報告をした漁業者には、しっかりと技術指導をしています。

漁業者は携帯電話で漁業組合に、漁獲重量や体重組成などの情報を伝えます。漁業者から漁獲の情報を受け取った漁業組合は、インターネットのオークションサイトに情報を掲載します。このオークションの様子は世界中に公開されています。

オークションに入札するには、組合から入札資格を得る必要があります。入札資格を得るには、落札した魚を水揚げする場所を持っていること（ヨーロッパの水産加工場は自前で水揚げ設備を持っています）と、保証金が必要になります。逆に、水揚げ場所と保証金さえ準備できれば、海外の企業でもオークションに参加することができます。現に、スコットランドの漁業会社もオークションに参加しています。この場合、ノルウェーの漁船は、漁場からスコットランドに直行し、そこで水揚げをします。オークションの参加者が多ければ、それだけ魚価は上がります。ノルウェーの漁業組合は、参入障壁を低くして参加者を増やすことが重要だと考えているのです。

効率的なインターネットオークションを運営し、高い値段で魚を売ってくれるノルウェーの漁業組合の販売手数料はたったの〇・六五パーセントです。一方、日本の漁業組合は、旧態依然とした競りで魚を売り、手数料を五パーセントも要求します。漁業者が魚価安に苦しんでいるのに、日本の漁業組合は競りの参加者を増やしません。数少ない競りの参加者が、魚を安い価格で買いたたくのが常態化しています。これでは魚の値段に差がつくのも当然でしょう。

筆者は二〇〇九年にノルウェーを訪問し、漁業組合のひとつである浮魚販売組合の組合長のナッケンさんにインタビューを行いました。その内容を抜粋します。インタビューの様子はインターネットに公開してありますので、動画で見ることもできます(2)。

筆者　ノルウェーの漁業組合の役割について教えてください。

組合長　我々の役割は、漁業者のために魚を販売することです。一九二七年に設立されました。

筆者　組合の財源について教えてください。

組合長　浮魚の販売価格の手数料で運営されています。浮魚の販売価格の〇・六五パーセントを一律に徴収します。取引先が倒産したときにも漁業者への支払いを保証します。

筆者　Raw Fish Act について教えてください。

組合長　Raw Fish Act は、ノルウェーの法律です。すべての鮮魚は販売組合を通じて販売するように義務づけられています。組合を通して販売されていない魚を、加工したり輸出したりはできません。

筆者　最低価格制度について教えてください。

組合長　我々はインターネットオークションで魚を売ります。最低落札価格が設定されており、その価格以下では入札できません。販売組合と加工業者の組合の交渉で、最低価格は決まります。

筆者　もし、最低価格以上の価格での入札がなければ、どうなりますか？

組合長　最低価格以下の値段では鮮魚として売ることができません。最低価格での入札がなければ、魚粉やオイルとして、より安い価格で販売します。

筆者　最低価格以上の値段がつかないことは、よくありますか？

組合長　まったくないわけではありませんが、きわめて稀ですね。

筆者　最低価格制度の意義について教えてください。

組合長　最低価格制度があることで、市場から一定の収入を保証されます。前もって、魚が供給過剰になるかどうかを見極めるのは難しいものです。値崩れを防止して、漁業者に最低限の収入を保証するのは組合の存在意義の一つです。

筆者　政治力を使って補助金を受け取るのが、組合の役割だと思いますか？

組合長　いいえ、我々は補助金を歓迎しません。ノルウェーの漁業者は国から補助金をもらうのではなく、政府に水産資源の使用料を支払います。

筆者　ノルウェーの補助金は削減され、現在はほぼゼロですね。補助金の削減が漁業の発展に寄与したと考えますか？

組合長　そう思います。補助金をもらっていた時代よりも、補助金がない今のほうが漁業はよいです。補助金削減のみならず、過剰な漁獲努力（漁船・漁業者）を削減できた結果でもあります。

筆者　ノルウェーのオークションの透明性はとても高いのですが、このことがビジネスをするうえでマイナスになりませんか？

組合長　オークションの透明性はきわめて重要です。すべての漁業者は相互監視をして、誰も不正をしていないことがわかります。同じことが魚を買う側にも言えます。漁獲された魚のすべてが、我々のシステムで適切に水揚げされていることがわかります。我々のオークションの透明性は、ノルウェー当局が漁獲枠のコントロールをするのをサポートしています。

ノルウェー漁業が発展する理由

ノルウェーの漁業政策を見ていくと、なぜノルウェー漁業が発展しているのかがよくわかります。ノルウェーは、漁業者が魚を売ってよい生活ができるように、国を挙げて取り組んでいるのです。漁業者、行政、科学者、漁業組合が、透明性の高い生産的な漁業を実現するという共通の目的で結ばれています。また、ノルウェー漁業の透明性は、世界一と

表5-1　日本とノルウェーの漁業構造の比較

	日本	ノルウェー
漁業従事者	21万人	1.9万人
漁獲量	550万トン	280万トン
漁業者あたり漁獲量	26トン	147トン
資源状態	低位減少	高位横ばい
補助金	3,000億円以上	ほぼゼロ

言っても過言ではありません。意思決定の過程が外部からでもよくわかります。漁業者が主体となって、合理的なルールを作り上げ、それを行政と専門家が全力でサポートしています。

日本とノルウェーの漁業構造を比較したのが表5－1です。ノルウェーの漁業者あたり漁獲量は、日本の五倍以上。そのうえ、ノルウェーは資源量を高めに維持しつつ、経済的に価値が高いサイズを計画的に漁獲しているので、魚の単価も高い。収入に差がつくのは当然です。

ノルウェーの漁業補助金は段階的に廃止され、現在は、漁業者が病気や怪我で漁に出られないときの生活保障ぐらいしか残っていません。漁業者が魚を獲って生計を立てていけるように、国が全面的にバックアップをしているので、補助金は不要です。一方、日本は国がやるべき資源管理をせずに、補助金をばらまくその場しのぎを何十年も続けて、産業をすっかりダメにしてしまいました。補助金の額だけ見れば、日本のほうが多いのですが、漁業者が大切にされているのはノルウェーのほうです。

日本は漁業者に現金を配る個別所得保障の整備が進んでいます。ばらまきも行き着くところまで行ってしまった感があります。「漁業者がかわいそうだから、公的資金を配りましょう」ということを続けている限り、日本の漁業は衰退の一途をたどるでしょう。

ノルウェーを視察した正直な感想は、漁業者の意識、行政の意識、漁業組合の意識のすべてにおいて、日本とは違いすぎるということです。今のノルウェー漁業を見たら、「とても真似できない」と思います。しかし、彼らも一九七〇年代までは、日本と同じような状況にあったのです。そこから四〇年間、試行錯誤を続けて、今の状態に至っているのです。このことは我々にとっても励みになります。日本も明確なビジョンのもとで漁業改革を断行すれば、漁業の活力を取り戻すことは可能です。その際に、遠隔地の零細漁村を切り捨てる必要はありません。ノルウェーのように資源管理を徹底して、魚の値段を上げていけば、遠隔地の小規模漁業者だって十分な所得が得られるのです。

注

（1）http://www.ices.dk/products/icesadvice/2010/ICES%20ADVICE%202010%20Book%206.pdf

（2）http://www.youtube.com/watch?v=pkEoAU_Cogw

第六章　ニュージーランドの漁業改革

ニュージーランド漁業の歴史

ノルウェーと並んで、資源管理の最先端を進んでいるのがニュージーランドです。漁業者の権利を保障しながら、緩やかな改革を行ったノルウェーとは対照的に、ニュージーランドは、国がトップダウンで、経済優先の漁業制度改革を一気に推進しました。

ニュージーランドは、国家の財政破綻の危機によって、公的資金で一次産業を保護できなくなり、労働党のロンギ政権は、産業の自立を促すために、大胆な規制緩和、公営部門の民営化、貿易の自由化を進めました。それまで公的資金に依存してきた水産業を立て直す切り札として、世界に先駆けてＩＴＱ（Individual Transferable Quota）方式を導入しました。

第三章で説明したように、ＩＴＱ方式はＩＱ方式の一種です。漁業者に個別配分した漁獲枠を証券化して、漁獲枠の売買を自由化します。採算のとれない漁業者の漁獲枠を、成績のよい経営体が購入することで、漁業の経済効率の改善が期待できます。

ＩＴＱ方式を導入してから、ニュージーランドの漁業はめざましい経済発展を遂げました。その後の一〇年で、漁獲量は二倍、生産金額は二・五倍に増加しました。漁業は、儲かる産業へと変貌したのです。ニュージーランドの漁業改革の当初の目的は、十分に達成

表6-1　ニュージーランド漁業制度年表

1983年	沖合漁業にITQ方式を導入
1986年	商業漁業に全面的にITQ方式を導入
1990年	漁獲枠割当が重量固定制から割合固定制（重量変動制）に変更
1992年	ワイタンギ条約に基づくマオリへの補償が確定
1996年	割当配分方式を変更、年間漁獲権(エース)譲度の自由化

されたと言えるでしょう。

革新的な制度を導入したニュージーランド漁業は、数字だけ見ると順風満帆だったのですが、その内情は絶え間ない試行錯誤の連続でした（表6-1）。

沖合漁業にITQ方式を導入

ニュージーランド政府は、一九八三年に沖合漁業の七魚種にITQ方式を導入しました。それまで、日本やアメリカの大型船がニュージーランドの沿岸近くまで入り込んで操業をしており、国内には沖合漁業が存在しませんでした。ニュージーランドは、二〇〇海里の排他的経済水域（EEZ）を設定して、外国船を排除しました。それによって生じた空白地帯に、新規に国内漁業を導入する際に、ITQ方式を導入したのです。

ニュージーランド政府は、漁獲枠（クオータQuota）をオークションで販売しました。クオータを取得できるのは、漁船と加工場を保有しているニュージーランドの企業に限られました。

ＩＴＱ方式を全面的に導入

ニュージーランド政府は、沖合漁業でノウハウを蓄積したのち、一九八六年に沿岸も含む国内漁業全体にＩＴＱ方式を導入しました。このときは、沿岸漁業者から猛反発がありました。しかし、与党も野党も、新しい漁業管理制度の導入を公約の目玉にして、選挙戦を戦いました。財政危機と環境保護団体の外圧によって、外堀はすでに埋まっており、漁業管理の導入はもはや不可避な情勢だったのです。

ニュージーランド政府は、最初は国内の主要二九魚種に対して、クオータを設定しました。初期のクオータは、重量ベースで設定されていました。たとえば、一〇トンのクオータを持っている漁業者には、資源状態にかかわらず、毎年一〇トンの漁獲の権利が認められていました。トン数を固定したクオータだと、個別に配分したクオータの総計が漁獲量の上限であるＴＡＣと等しくなります。資源状態に応じてＴＡＣの調整が必要な場合は、政府がクオータを売買することになっていました。ＴＡＣを減らすときは政府が漁業者からクオータを買い上げ、ＴＡＣを増やすときはオークションでクオータを売り出すことで、全体の漁獲量を調整しようという考えです。

相次ぐ訴訟で割当を変動制に切り替え

ＩＴＱの導入後、漁業は儲かる産業になりました。最初は二束三文だったクオータの取引価格は急上昇しました。クオータが金の卵であることに気がついた漁業者は、容易にクオータを手放さなくなりました。いくつかの資源で、ＴＡＣを削減する必要があったのですが、政府のクオータの買い上げは難航し、必要なＴＡＣの削減ができませんでした。ニュージーランド政府は、配分したクオータの一律削減を試みたのですが、漁業者は猛反発をしました。漁業者は、「私財を投じて国から買ったクオータを、国が勝手に削減するのは契約違反である」と国を訴え、裁判では漁業者の主張が認められました。

タイムリーにＴＡＣの削減ができなければ、資源管理はできません。ニュージーランド政府は、苦慮の末、一九九〇年にクオータを重量固定制から、割合固定制（重量変動制）へと変更しました。クオータの設定がこれまでのトン数から、比率（パーセント）へと変更されたのです。この変更によって、ニュージーランド政府はＴＡＣを自由に変更できるようになりました。ニュージーランドの漁獲枠制度の運用については、のちほど詳しく説明します。

先住民との法廷闘争

ニュージーランド政府は、先住民（マオリ族）とも法廷で争うことになりました。マオリ族の伝統漁業は、ニュージーランド政府が定めた商業漁業の取得要件を満たしていなかったので、政府はマオリ族にクオータを配分しませんでした。新しい法律を知らないマオリ族は、今まで通り魚を獲りに行き、違法漁獲で警察に逮捕されました。自分たちの権利が侵害されたと感じたマオリ族は、政府を訴えたのです。

ニュージーランドでは、先住民と移住者の間にワイタンギ条約という取り決めがあります。これは一八四〇年に、イギリス王室と先住民の間で交わされたもので、先住民の土地に関する主権を認める内容になっています。この内容に照らし合わせれば、マオリ族の漁獲を白人が規制する権利はないことになります。この裁判は、ワイタンギ条約を結んだイギリスの連邦最高裁判所で争われ、マオリ族の主張が認められました。ニュージーランド政府は莫大な賠償金をマオリ族に支払うことになりました。

ニュージーランド政府は、ワイタンギ条約で認められたマオリ族の権利を保障するために、新規に設定される漁獲枠の二〇パーセントをマオリ族に優先配分することにしました。マオリ族は大規模な漁業を行っていないので、マオリ族の評議会がマオリに配分されたクォータを企業に貸し出して、その利益を再配分しています。

エース取引の自由化

図6-1　ニュージーランドの漁獲管理システムの概要図

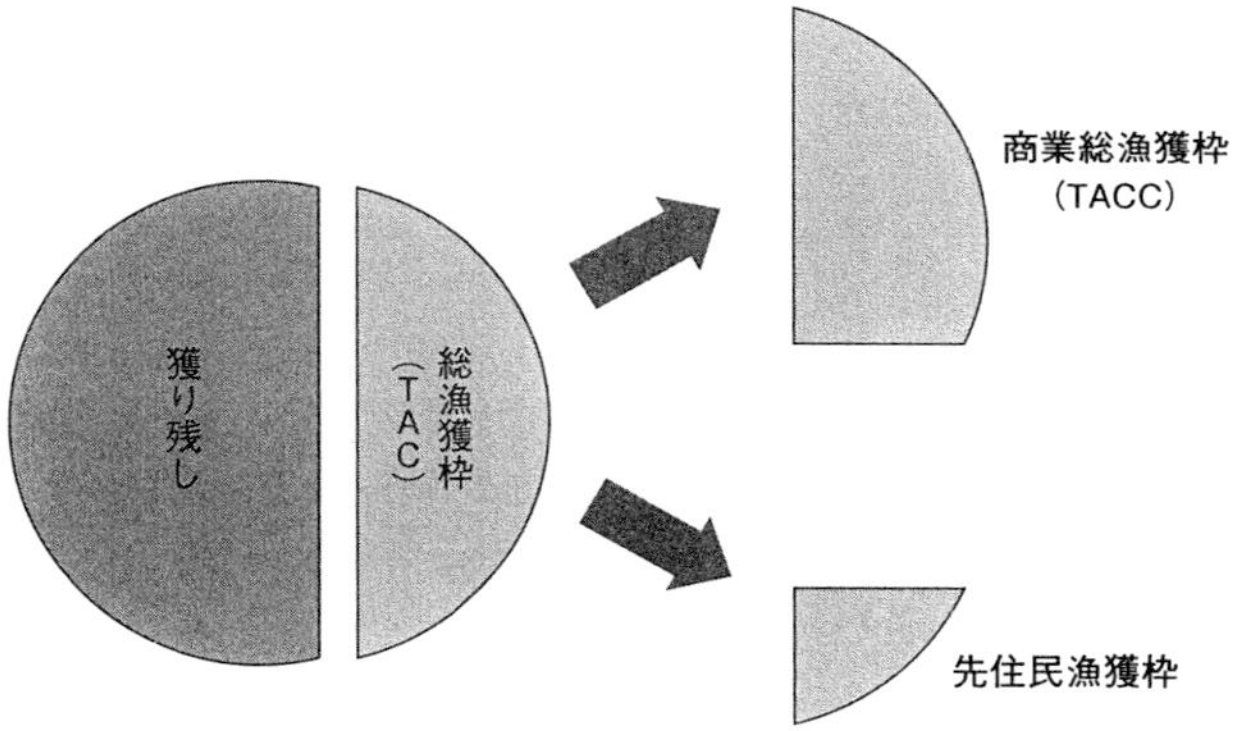

ＩＴＱ方式を全面的に導入してから一〇年が経過した一九九六年に、ニュージーランド政府は漁業法を大幅に改正しました。主要な変更点は、前述のマオリ族への漁獲枠配分とエース譲渡の自由化です。

ニュージーランドの漁獲枠システムは複雑なので、整理しておきましょう。まず、国の研究機関が、毎年、科学的なアセスメントを行い、持続的に漁獲できる漁獲量の上限である、総漁獲枠（TAC, Total Allowable Catch）を決定します。ＴＡＣは、商業総漁獲枠（TACC, Total Allowable Commercial Catch）と先住民漁獲枠に配けられます（**図6-1**）。

次に、ＴＡＣＣをクオータに比例配分して、クオータ所持者にその年の漁獲の権利（エースACE, Annual Catch Entitlement）が与えられ

図6-2　TACC、クオータおよびエースの関係

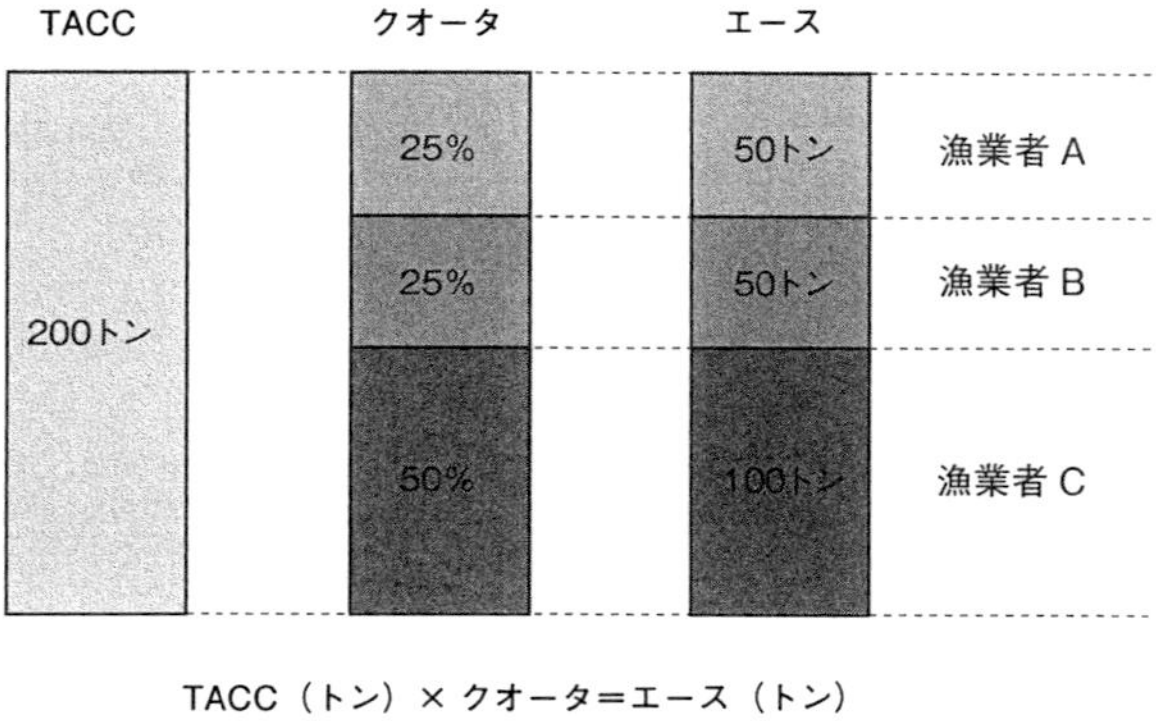

ます。たとえば、二五パーセントのクオータを所持している人には、その年のTACCが一〇〇トンなら二五トンのエースが、TACCが二〇〇トンなら五〇トンのエースが与えられます。エース＝TACC×クオータとなるのです（図6-2）。TACCは資源状態によって変化するので、与えられるエースの重量は毎年変動します。

クオータは永続的な権利ですが、エースの有効期間は一年です。エースは基本的にその年度内に消化する必要があります。一九九六年の魚業法改正以前は、クオータの売買は認められていたのですが、エースの取引は認められていませんでした。エースの取引が自由化されたことで、短期的な漁業経営の自由度が大幅に増したのです。

クオータの譲渡では、短期的な漁場の変動に対応できません。たとえば、ある魚の漁場が例年とは違うところに特異的に形成された場合、魚を獲りに行けるけれど漁獲枠がない漁業者と、漁獲枠があるけれど獲りに行けない漁業者が生じます。来年以降も魚がその漁場に来る保証がなければ、大枚をはたいてクオータを購入するのは現実的ではありません。こういう短期的な変動には、エースの取引で対応することができます。

エース取引の自由化は、燃油価格の高騰時にも役立ちました。燃費の悪い船は漁に出ても赤字になります。これらの漁船のオーナーは、漁に出て赤字を膨らませる代わりに、エースを燃費がよい船に売って、利益を得ることができます。一方で、燃費がよい船のオーナーは、エースを買い集めてまとめて漁獲をすることで、より多くの利益を得ることができます。エース取引は、燃費が悪い船の漁業者にも、燃費がよい船の漁業者にも、利益があるわけです。

現在、ニュージーランドでは、エース取引が非常に活発であり、そのことがエース自由化の意義を物語っています。そもそも、いくら取引の自由化を進めたところで、双方に利益がなければ、取引は成立しません。お隣のオーストラリアでは、一部の漁業にＩＴＱ方式を導入しています。燃油価格が高騰した際に、ＩＴＱを導入していない漁業からは燃油費用補填の要求が出たのに対し、ＩＴＱを導入した漁業からはそのような要求は一切なかったそうです。

エースが導入される前のニュージーランドの漁業制度は、賃貸契約が禁止されている不動産市場のような状態でした。エース取引の許可によって、短期的な漁獲枠の流動性が増し、漁獲枠を買う資本力がない漁業者も柔軟に操業ができるようになったのです。

ホキの資源管理

ニュージーランドでもっとも経済的に重要な資源はホキというタラの仲間の白身魚です。世界的に白身魚の漁獲量が減少し、価格が高騰する中で、ホキ資源の持続性はニュージーランド漁業全体にとって重要な意味を持ちます。政府も、精力的にホキの調査・管理に取り組んできました。

ホキは、水深二〇〇~八〇〇メートルに生息し、中層トロール漁法で漁獲されます。日本とは異なり、ニュージーランドのトロール漁船は網を海底に接触させないので、海底環境を破壊しません。ホキ狙いの操業では、他の魚が混獲されることは少なく、クリーンな漁業と言えます。

過去二〇年程度、ニュージーランドのホキ資源は減少しましたが、これは資源管理が機能していなかったからではありません。ニュージーランド政府は、資源を持続的に有効利用できる水準まで、計画的に減少させていったのです。

生物資源は、人間が手を加えなくても、勝手に再生産をします。元本（親魚）を残しておけば、利子（自然増加分）だけで生活することも可能です。銀行口座の利子に相当する、天然資源の自然増加分を「余剰生産」と呼びます。余剰生産の大きさは、資源量に依存します。資源が未開発の状態では、環境収容力いっぱいまで魚がいるので、余剰生産はゼロです。漁獲で魚が減ると、環境収容力に空白が生じるので、資源は元の水準に戻ろうとして余剰生産が生じます。資源を多少減らしたほうが、生産力が増すのです。しかし、資源をあまり減らしすぎると、今度は十分な産卵親魚が得られなくなり、余剰生産が減少します。

一般的には、未開発時の半分ぐらいの水準で、余剰生産が最大になると言われています。余剰生産が最大になる資源量を、ＭＳＹ（Maximum Sustainable Yield）水準と呼びます。ＭＳＹ水準に資源を固定しながら、余剰生産で増えた分だけを漁獲するというのが、合理的な資源の利用方法となります。

ホキは、一九七〇年代には、ほとんど利用されていませんでした。ニュージーランド政府は、未開発時の資源量の四〇～五〇パーセントの水準がこの資源のＭＳＹ水準と考えて、

ＭＳＹ水準まで徐々に資源を減らしたのち、その水準を維持することにしたのです。一九八五年から二〇〇〇年まで、一五年かけてじわじわとＭＳＹ水準まで資源を減少させました。ＭＳＹ水準に達した二〇〇一年から、漁獲枠を削減し、漁獲にブレーキをかけました。不運にもＭＳＹ水準に達した前後から、卵の生き残りが悪くなり、漁獲枠を削減したにもかかわらず、ホキ資源の減少は続きました。資源をＭＳＹ水準まで回復するために、ニュージーランド政府はＴＡＣＣを、二五万トンから一〇万トンへと、素早く減少させました。

資源が減ったと言っても、ＭＳＹ水準を少し下回った程度ですから、網を曳けば、ホキはいくらでも獲れる状態でした。ニュージーランドのホキ漁業者に操業記録を見せてもらったのですが、資源が減った時期にも、網を入れてから揚げるまでの時間はわずか一〇〜一五分でした。

網を曳く時間を伸ばせば、いくらでも魚は網に入ってくるのですが、網に入る魚が増えすぎると水揚げ時に魚体が傷んで価値が下がります。ニュージーランドでは、それぞれの漁業者が獲れる魚の量が決まっているので、単価を下げるのは禁物です。かといって、魚がほとんどいない状態で網を揚げると、操業回数が増え、経費がかかります。魚影の濃さを見きわめて、ぴったり二〇トンを獲るのが、漁労長の腕の見せどころということでした。

ニュージーランド政府は、魚がいくらでも獲れるような状態で、漁獲枠を大幅に削減していたのです。日本の常識では考えられません。

漁獲規制によって、資源は回復に転じつつあった二〇〇九年に、ニュージーランド政府は、TACCを一〇万トンから一三万トンに増やす計画を発表しました。ところが、ニュージーランドの漁業者は、「資源がMSY水準に回復するまでは、漁獲枠を控えめにすべきである」として、TACCの増加に反対しました。結局、政府の提案よりも一万トン削減し、一二万トンのTACCになりました。漁獲規制が功を奏して、現在、資源はMSY水準まで回復しています。

合理的な資源管理は小規模漁業を滅ぼすという嘘

大規模漁船が主体のホキの資源管理は機能しています。では、地方の小規模漁村はどうなったのでしょうか。日本では「漁業の経済効率を追求していくと、大企業が漁場を独占し、地域漁村文化が破壊される」と広く信じられています。たとえば、水産庁の有識者懇談会は次のように述べています。

須能委員　私は日本の漁業者の精神構造は、基本的には多神教である。一神教の外国人の価値観とは違っており、地域を守ろうとする団結心をこういうＩＱ・ＩＴＱなんかで精神構造を破壊するようなことは絶対にしてほしくない。譲り合って、助けていくという日本独特の文化として、あるいは漁業文化として、あるいは水産文化として是非維持してほしいと考えます。(1)

「ＩＴＱを導入すると、地域の団結心が破壊されてしまう」のが事実ならば、大変なことです。ＩＴＱが地域漁村コミュニティーに与える影響を確認するために、筆者はニュージーランドで一番へんぴな漁村、チャタム島を訪問することにしました（図6-3）。チャタム島は、ニュージーランド本島のはるか東に浮かぶ孤島です。本土からは、四〇人乗りの小型飛行機が週に二往復しています。島の住民は五七〇人で、その多くは先住民族のモリオリ族とマオリ族です。この島の主な産業は漁業です。国から島に出る補助金はほとんどありません。ＩＴＱが小規模漁村コミュニティーにダメージを与えるなら、この島が最初に淘汰されるはずですが、筆者が見た現実はまったく逆でした。ＩＴＱのおかげで、漁業が利益を生み、島の生活が成り立っていたのです。

チャタム島の主要な漁業は、アワビ（paua）、ロブスター（crayfish）、アイナメ（blue

図6-3　チャタム島の位置

cod)、ウニ（kina）です。島の漁業組合で話を聞いたところ、アワビの漁業者の九三パーセントがＩＴＱを支持しており、ロブスターの漁業者も数人の例外をのぞいて、ＩＴＱを支持しているそうです。島の加工場、漁業組合、漁業者などに聞き取り調査をしたのですが、異口同音に「ＩＴＱがなかったら、漁業はなくなっていたよ」と語ってくれました。

ＩＴＱが導入される以前は、チャタム島周辺の漁場は、外からくる大型船の乱獲で資源が減少していました。地元の沿岸漁業者は、日本やアメリカの大型船が資源を根こそぎ漁獲するのを、指をくわえて眺めているしかなかったのです。「もし、ＩＴＱが導入されなければ、大型船の沖獲りで、資源は枯渇していた」というのが、島の漁業関係者の共通認識です。

乱獲の原因は、外国の大型船だけではありません。沿岸の根付き資源も減少しつつありました。チャタム島はアワビの好漁場です。一九七〇年代には、腕のよい潜水夫は一日に五〇〇キログラムのアワビを水揚げしたと言います。当時の価格は、アワビ一キログラムがたったの〇・五ニュージーランドドル（ＮＺ＄）であり、一日の収入は二五〇ＮＺ＄程度でした。当時はアワビの漁業に規制がなく、誰でも好きなだけ獲れました。漁業者ができるだけ多く獲ることで利益を得ようとした結果、魚価は低迷し、資源だけが減っていきました。ニュージーランド政府が一九八二年にライセンス制度を導入しても、事態は変わりませんでした。

一九八五年に過去の漁獲実績に応じて、アワビのクオータが割り当てられました。自分のクオータを持つことによって、漁業者の意識が変わり、捨て値で売るぐらいなら獲らなくなりました。その結果として、魚価は上昇しました。八四年に一ＮＺ＄であった魚価が八五年には二ＮＺ＄、八六年には五ＮＺ＄になりました。その後も魚価は順調に上昇し、現在は、一〇〇ＮＺ＄です。魚価が上がったのはアワビだけではありません。ＩＴＱ導入前は、ロブスターのキロ単価は五ＮＺ＄だったのが、ＩＴＱが導入されると四〇ＮＺ＄に跳ね上がり、現在は一〇〇ＮＺ＄まで上昇しています。

現在の日本の漁村の多くは、ＩＴＱが導入される前のチャタム島と同じ状況にあります。大型船による沖獲りと沿岸漁業者同士の早獲り競争によって、資源は減少しています。サイズや質が悪くても漁獲量で補おうとするので、魚価は低迷しています。日本の魚価が安い根本的な原因は、相場を無視して獲れるだけ獲ってくる、今の漁業のあり方です。ＩＱ／ＩＴＱ方式を導入し、値段がつかないときには魚を水揚げしないようにすれば、魚価は必ず上がります。

チャタム島では、先住民自らが財団を作り、自分たちのクオータを運用しています。財団は、チャタム島海域のアワビのクオータの二五パーセントと、ロブスターのクオータの五〇パーセントを保持しています。毎年、アワビとロブスターのＴＡＣのそれぞれ二五パーセントおよび五〇パーセントに相当するエースが、配分されます。財団は、島の雇用を助けるために、島の漁業者には市価よりも安い価格で、エースの優先販売を行います。島の漁業者に販売したあとに残ったエースは、外部の漁業者に市価で販売します。財団は、クオータの運用利益で、道路を整備したり、病院を建てたり、小学校を新築したりと、島のインフラ整備を行っています。文字通り、漁業の利益で、島の生活が成り立っているのです。きちんと漁業管理をすることで、遠隔地の小規模漁村でも豊かな生活を送れるのです。

ニュージーランドの先住民は多神教です。離島の小規模集落で、昔ながらの伝統を守って、助け合って生活をしています。筆者が訪問したときには、モリオリ族が遠方からの客人（筆者）を歓迎するためのセレモニーを開いてくれました。村の公民館のようなところで、部族の出迎えを受けました。セレモニーは女性を先頭にして訪問するのがルールです。戦争ではなく、平和を求めているという意思表示だそうです。いざセレモニーが始まると女性は一歩下がった場所に位置しており、発言は許されていません。一通り儀式的なやりとりが終わったあと、鼻と鼻をくっつけて挨拶をします。そのあとは手作りのケーキや採れたてのアワビなどで、アットホームなウェルカムパーティーをしてもらいました。先住民の子供たちは、活発で人なつっこくて、とてもかわいかったのが印象に残っています。

太平洋の真ん中の離島でも、伝統的なコミュニティーがしっかりと生き残っている。コミュニティーは、政府から経済的に独立し、コミュニティー内部では相互援助の精神で、たくましく生活をしている。彼らの生活を支える漁業を支えているのが、水産資源であり、水産資源を支えているのが、資源管理なのです。資源管理をして、早獲り競争を抑制したからといって、漁村コミュニティーは衰退しません。魚の奪い合いや漁業権利権によって、漁村地域の団結が失われ、漁村自体が崩壊しつつあるのは、日本のほうです。

地域固定枠で漁獲枠の流出を防げ

もちろん、ＩＴＱを導入したら、すべてがバラ色になるわけではありません。ＩＴＱというシステムは、部族で素朴な生活をしてきた先住民には、すぐには理解できませんでした。新しいシステムを理解できずに、生活の糧であるクオータを二束三文で手放してしまった漁業者も少なくなかったのです。ＩＴＱ方式が導入された当初、アワビのクオータのすべてが島の漁業者に配分されたのですが、その大部分は島外の企業に売却されてしまい、現在も島に残っているクオータはたったの二五パーセントです。漁獲枠の島外流出は、地域の雇用の観点から、望ましいことではありません。

日本にＩＱ方式を導入する場合には、地方の雇用確保のために、個人ではなく地域コミュニティーに、クオータを与えるのがよいでしょう。また、クオータの流出を予防するために、コミュニティーが所有するクオータの譲渡は禁止し、クオータの利用はその土地の漁業者を優先すべきです。他国の成功から学ぶのと同様に、失敗から学ぶことも重要です。

ニュージーランド漁業のフロンティア精神

ニュージーランドの漁業の歴史は、絶え間ない自己改革の歴史と言えます。ニュージーランドがＩＴＱ方式を導入したときには、手本にすべき国は存在しませんでした。画期的で、合理的で、機能的な漁業制度を、試行錯誤をしながら構築したニュージーランド人のフロンティア精神には驚かされます。ニュージーランド政府が一九八六年に導入したシステムには、いくつかの大きな問題点がありました。一つは漁獲枠を重量で与えたこと。もう一つは先住民への配慮の欠如でした。

これらの問題点は、訴訟を通じて解決へと導かれました。ニュージーランドの裁判官は権力に中立であり、法に照らし合わせたうえで、国に不利な判決も出します。国民の権利を保証し、よりよい社会を作るために、司法システムが機能しています。裁判を通して線引きをしていくのが、ニュージーランドのやり方です。

以下の文章は、二〇〇七年に行われたニュージーランドの水産業界の会合で、漁業大臣が行ったスピーチの抜粋です。

消費者は持続的な資源管理を望んでいる。だったら我々は、他国に真似できないような水準で資源管理を遂行できることを、示そうではないか。そのことは、我々の漁業全体の利益に適うはずだ。資源管理をやらないほうの競争に加わっても、長い目で見てニュージーランドによいことは何もない。

生態系・漁業管理に対する高いスタンダードを持つことで、我々は国際市場で高い評価を得ることができる。生態系への配慮が欠けている漁業が、国際社会から罰せられるようになるのは、時間の問題である。

去年、ヨーロッパを訪問したときには、炭素コストとフードマイルが話題になっていた。世界でもっとも隔離された食糧生産者として、我々は機先を制していかなければならない。

フードマイルへの関心の高まりは、我々にとってチャンスでもある。先月、アイルランドの漁業大臣が、ヨーロッパで販売されるエコラベル認証製品を強くサポートすることを表明した。我が国の製品がエコフレンドリーであると示すことができるので、我々にとって大きなチャンスだ。我々は、自らが世界一、環境に配慮していると主張することができる。(2)

世界の流れを読んで、機先を制していこうという強い意志が感じられます。このフロンティア精神こそが、ニュージーランドの漁業が自己改革していく原動力です。世界の漁業の今後のキーワードは「環境」と「責任」です。ニュージーランドが、これらの分野で今後も世界をリードし続ける可能性は高いでしょう。

日本の政治家がこういうスピーチをするとは思えません。日本の政治家は、すでに経済的にも環境的にも成り立っていない水産業を維持するために、公的資金を投入して、地元漁業者からの支持を得てきました。いくら公的資金を投入したところで、時計の針は止まりません。漁業が衰退するのは当たり前の話です。日本もニュージーランドを見習って、長期的な視野を持って持続的に産業の生産性を高める政策を採用すべきでしょう。

注

（1）http://www.jfa.maff.go.jp/j/suisin/s_yuusiki/pdf/giziroku_05.pdf の18ページ

（2）http://www.marinenz.org.nz/index.php/news/page/sustainability_issues_for_new_zealand_fisheries/

第七章　なぜ日本では乱獲が社会問題にならないのか？

漁業の問題は日本国民には知らされない

漁業改革の先陣を切ったノルウェーやニュージーランドでは、水産資源の乱獲の実態が水産業界以外の一般国民に広く知られていました。その結果、乱獲反対・資源管理導入という世論が盛り上がったのです。すでに述べたように、世界的に見ると厳しい規制をしている漁業国は、資源回復に成功して漁業生産金額を順調に伸ばしており、これらの漁業先進国の成功に触発されて、アメリカ、チリ、アルゼンチン、韓国、ＥＵなど多くの国・地域が、ＩＱ／ＩＴＱ方式の導入を進めて成果を上げつつあります。

日本では、漁業は衰退産業ということになっており、海外の漁業先進国の成功事例は、数年前までほとんど知られていませんでした。今でも、「先進国では一次産業が衰退するのは仕方がない」「公的資金で漁業者を守らないと、自給率が減少する」などという意見が少なくありません。

欧米では、すでに水産資源の乱獲が大きな社会問題になっています。乱獲が海洋生態系に及ぼす影響について活発な研究が行われ、メディアも高い関心を示します。環境保護団体が強い国では、漁業者から見ると理不尽とも言えるような厳しい規制があり、違反すれば、実刑を含む厳しいペナルティーが課せられます。漁業者が規制を守って操業していても、「環境破壊」として非難されているのを見ると、気の毒になります。

一方、日本近海では、ひどい乱獲が現在も進行しているにもかかわらず、自国の乱獲を指摘する研究や報道は、ほとんどありません。日本人が水産資源の持続性に関心がないわけではありません。欧米人よりも、むしろ日本人のほうが、日常的に食べる魚への潜在的な関心は高いのです。日本に足りないのは、関心ではなく、情報です。東シナ海のような事例は枚挙にいとまがないのですが、乱獲が社会問題になるどころか、日本の漁業者が乱獲をしているという事実は、一般の人には知らされてこなかったのです。

一九七〇年代以降、日本の漁業政策は、抜本的改革を先送りして、公的資金による非持続的な産業の延命を続けてきました。補助金政策を行ううえで不都合な真実、すなわち、日本漁業による乱獲と、海外の資源管理の成功は、国民の目に触れないように情報統制されてきたのです。

日本漁業の情報統制メカニズム

日本の水産業界の情報統制のメカニズムは、太平洋戦争時の大本営発表と同じような構図があります。大本営は、日清戦争から太平洋戦争にかけて設置された軍の最高統帥機関です。大本営は、戦地の情報を一元管理して、国民に流す役割も担っていました。太平洋戦争末期には日本の敗色が濃厚にもかかわらず、戦況が有利であるかのような情報が「大本営発表」として流され続けました。このことから現在では、権力者が自己の都合のよい情報のみを発表し、都合の悪い情報はすべて隠してしまうことを揶揄して「大本営発表」と呼びます。

大本営が、敗戦続きにもかかわらず、日本軍に都合よく脚色した情報を流し続けられたことには、二つの要因があります。

①戦場は太平洋の真ん中など本土から遠く、一般の人には、戦場の状況を直接知る手段がなかった。

②大本営が戦場の情報を一元管理していたので、不正確な情報を流しても、嘘がばれたり、責任を問われたりする心配がなかった。

実は、日本漁業も、これに近い状況にあります。同じ一次産業でも、農業の生産現場は生活の場所と近いので、作業風景を目にする機会はあります。それに対して、漁業の現場は、海の上です。沿岸付近の養殖業や定置網をのぞけば、一般の人が漁業の現場を直接見る機会はほとんどありません。我々の漁業のイメージは、自分の目で見た実際の漁業ではなく、メディアを経由した間接的な情報によって作られたものなのです。

大本営と同じように、水産庁は記者クラブを使って、情報発信の一元化を行っています。もちろん、自分たちに都合が悪い情報の発信は消極的です。「中国や韓国の違法漁業者のせいで、意識の高い日本の漁業者が苦しめられている」とか、「消費者の魚離れで、日本の漁師が困っている」というような情報発信は熱心ですが、日本漁業の非合理性についてはあまり触れません。

情報規制の実態

民主主義の戦後日本で、戦中と同じような情報統制が行われていたというのは、意外な気がします。現在は、報道の自由が認められているのだから、マスメディアが独自に漁業の現場を調査して、真実を書くことは可能なはずです。しかし、実際にはそうなってはいなかったのです。

このような情報規制の実態について明るみになった数少ない事例が、一九七八年二月六日の朝日新聞に掲載された「霧に包まれた〝北洋伏魔殿〟サケ・マス業界の奇怪な内幕」という本多勝一氏の記事です（図7-1）。

日本の北洋サケ・マス漁は年々締めあげられてきたが、今後もこの傾向は加速こそ

図 7-1　情報規制の実態を報じた朝日新聞の記事

月曜ルポ

霧に包まれた"北洋伏魔殿"

サケ・マス業界の奇怪な内幕

「国益」の名で報道管制

不信招くカラクリ横行

記者の乗船を拒否

"秘密"半ば公然化

根本的な近代化を

北洋へ向かうサケ・マス船団の母船
＝52年5月、釧路沖の洋上で（本社機から）

（編集委員・本多　勝一）

出典：『朝日新聞』1978 年 2 月 6 日

すれ好転の見通しはない。このまま座して全滅を待つほかはないのだろうか。この問題の背景を掘り下げてゆくと、ひとつの奇怪な「壁」に突き当たる。全水産業界の上から下までが合唱する「国益」という名のお題目によって、サケ・マス漁の実態が完全な報道管制下におかれているのだ。だが、サケ・マス業界の奇怪な内幕は、もはや〝常識〟と化して関係者らの間に横行している。たとえば北洋サケ・マスの日本の漁獲量は、日ソ漁業協定の、どんなに少なく見積もった場合でも三倍、多めに見ると十倍だ、といった〝常識〟である。

記事では、日本漁船がロシア海域で不正漁獲をしており、それを「国益」と称して、官民一体となって隠してきた内幕が書かれています。この手の違法行為は、業界内では公然の秘密となっています。しかし、メディアには出ないので、一般の人には知りようがなく、「日本の漁業者は遵法意識が高い」などという神話がまかり通ってきたのです。

日本のマスメディアには、漁業の現場に精通した記者がほとんどいません。漁業の現場に入らずに、電話だけで記事を書く場合がほとんどでしょう。当事者に都合がよい情報なら、電話一本でいくらでも出てきます。逆に、都合が悪い情報を得ようと思うと、現場にどっぷり入って、信頼関係を築く必要があります。しかし、都合が悪い情報を書いたら、これまで築いた信頼関係は失われます。地方に張り付いて取材をしている記者は、地元漁業の実態を知っているケースが多いのですが、彼らも不正については書こうとしません。漁業者の協力がなければ漁業の現場の取材は困難ですから、漁業を批判したら、次からは情報をとれなくなってしまうからでしょう。

嘘を書かずに印象操作をするテクニック

先にも述べたように、日本では国がまともな漁獲規制をせずに乱獲を放置しています。漁業者の自主的取り組みでは、定住性の小規模な資源しか管理できません。県をまたぐような資源は、まともな規制がないまま、無秩序な早い者勝ち状態になっています。

漁業の現実を知りうる立場にある水産庁は、現状を美化するような情報を選択的に流します。さらに、マスメディアも日本漁業のよい面ばかりを選んで、取材・報道してきました。日本の漁業にとって具合が悪い情報は、途中でブロックされて、一般国民の目に触れないようになっているのです。

日本の資源管理にも数少ない成功事例があります。たとえば、駿河湾のサクラエビ、京都のズワイガニ、秋田のハタハタなどは、小規模な資源を漁業者が自主的に管理をしています。これらの自主管理漁業が、世界にも誇れる立派な事例であることは筆者も同意しま

図7-2　情報フィルタリングの模式図

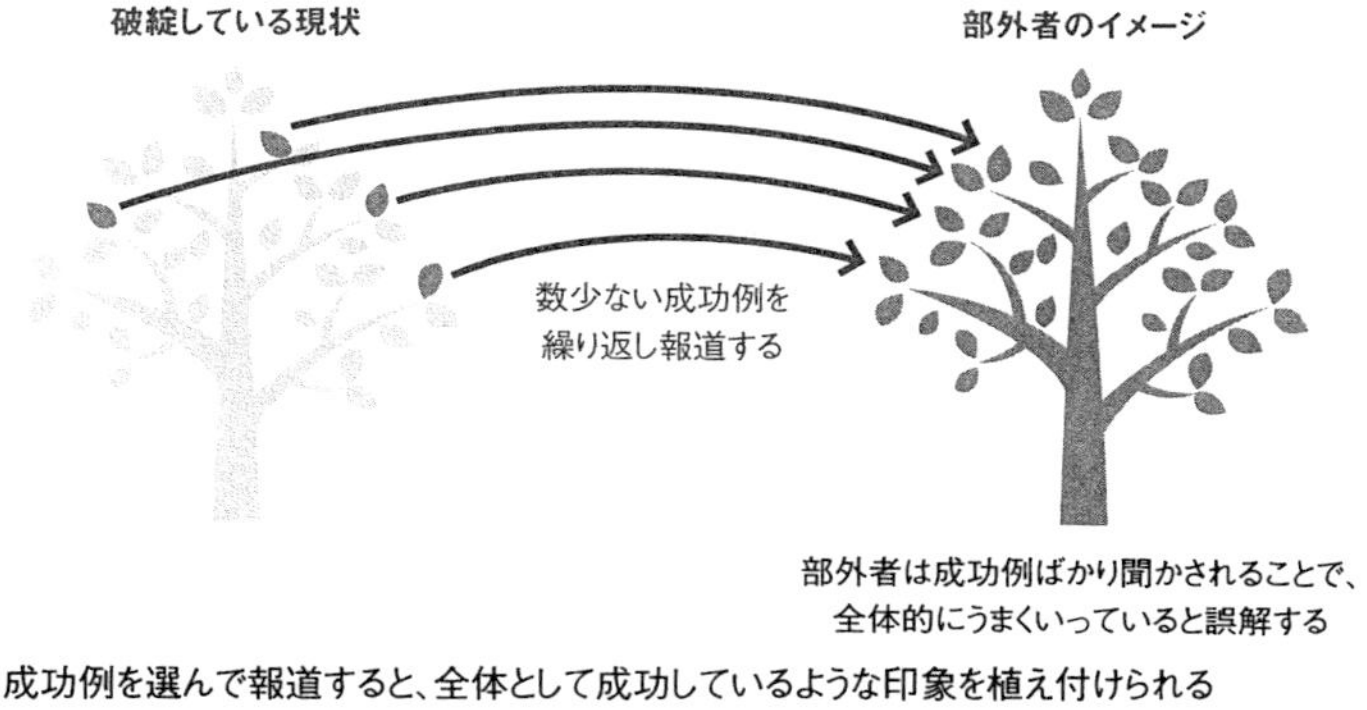
破綻している現状
部外者のイメージ
数少ない成功例を
繰り返し報道する
部外者は成功例ばかり聞かされることで、
全体的にうまくいっていると誤解する
成功例を選んで報道すると、全体として成功しているような印象を植え付けられる

すが、こういう成功例は、日本漁業全体からするとほんの一部にすぎません。ほとんどが失敗しているなかで、たまたま例外的にうまくいった事例です。

日本国内のメディアは、日本近海の水産資源が、日本漁船による乱獲で激減しているという事実に触れずに、例外的な資源管理の成功例ばかりを繰り返し報道してきました。結果として視聴者は、日本漁業全体が適切に管理されているような錯覚に陥ります。メディアは嘘をついているわけではないのですが、情報を選択的に流すことで、実態とはかけ離れた印象を視聴者に植え付けてきたのです（図7-2）。

日本のメディアは、一次産業のネガティブな側面を報道することを自粛する傾向があります。国内の一次産業を扱うときは、腫れ物に触るような印象です。筆者もマスメディアの取材を受ける機会が多いのですが、「日本漁業のよい事例を紹介したい」「うまくいっている事例を紹介してください」と言われることがほとんどです。漁業の構造的な問題をメディアに取り上げてもらえるようになったのは、ごく最近のことです。「できるだけよい事例を報道して、一次産業を応援したい」という好意は伝わってくるのですが、よい事例ばかりを選択的に報道することで、結果として、大部分がうまくいっていない現実を一般国民の目から隠してきました。納税者は蚊帳の外で、問題があるということすら知らされてこなかったのだから、日本国内で「漁業を改革しよう」という世論が起こるはずがありません。日本の漁業衰退におけるマスメディアの責任は重大です。

不可能だった研究者の漁業批判

本来、このような閉塞的な状況を打破するのは、専門家の社会的な役割なのですが、残念ながら日本の専門家は、漁業の問題に正面から取り組んできませんでした。そもそも日本では、業界に都合が悪い研究ができなかったのです。

筆者が大学院に進学したときに、指導教官と研究テーマについて相談をしました。筆者は「日本の漁業をより持続的にするための研究をしたい」という希望を出したのですが、指導教官から「日本で水産資源の研究をやるには二つの選択肢しかない。一つは、コンピュータを使って、仮想資源の管理理論を研究すること。もう一つは、クジラやマグロの国際会議で、日本の漁獲枠を増やすために働くことだ」と言われました。机上の空論をやるか、お国のために働くかしか、選択肢がないと言うのです。右も左もわからない駆け出しの学生であった筆者は、とんでもないところに来てしまったと驚きました。

指導教官の言葉の意味は、やがて理解できました。漁業の現状を擁護するような研究にしか、漁獲データが使えなかったのです。日本の水揚げ情報は漁業組合が記録したものを、水産庁が管理しています。一般公開されるのは、県単位、魚種単位にまとめられた漁獲量のみでした。資源の持続性に関する議論をするには、漁獲量だけでなく、そのサイズ組成が重要になります。同じ重量の水揚げでも、未成魚か高齢魚かで、資源に与える影響がまったく異なるからです。そういった詳細なデータは、厳しく管理され、自由に使えませんでした。

我々大学の研究者が漁獲統計を使う場合には、データの利用方法を明確にしたうえで、データを管理している組織の内部の人間に、データの提供をお願いします。依頼を受けた人間は、上司におうかがいを立てて、許可を得なければなりません。組織内部では、データが現状に批判的な使われ方をしないか、事前に確認をします。少しでも問題点があれば、許可がおりません。

厳しい審査を経て、データの使用許可をもらっても、安心はできません。研究者に漁業

図7-3　大本営発表か机上の空論か

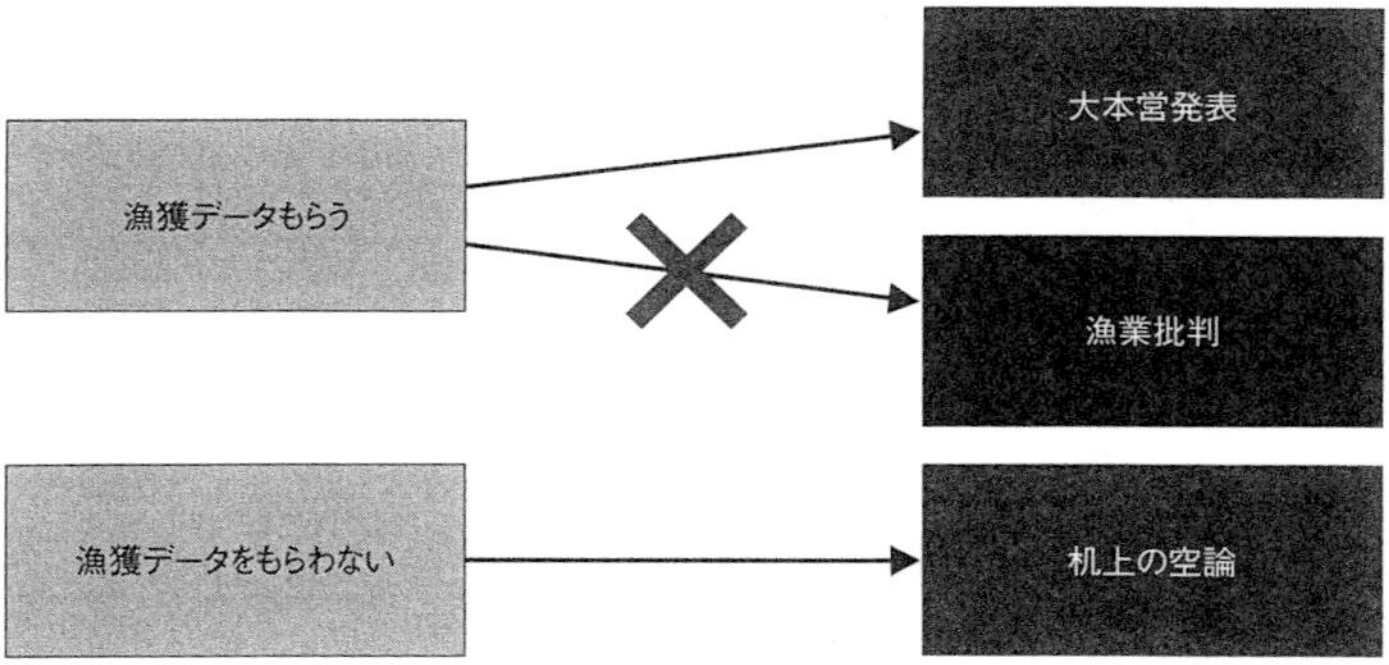

を批判する意図がなくても、業界から見て「不適切な」表現があれば、すぐにクレームが付きます。そうなると、データを提供した人間が、組織内部で責任を追及されます。この業界は狭いですから、トラブルを起こせばすぐに皆の知るところとなり、次からデータを提供してもらうのは困難になります。そうなれば、研究活動に支障をきたすので、研究者は現状批判にならないように、細かい表現にまで神経を使っています。

漁獲データを使おうとすれば、現状擁護をする大本営発表的な研究しかできなくなります。逆に、漁獲データを使わないとなると、漁業の現実とは切り離された机上の空論しかできません（図7-3）。どちらにしても、日本の漁業の抱える問題に、正面から取り組むことは不可能でした。

情報操作がうまくいきすぎて改革の芽を摘んでしまった

産官学がスクラムを組んで、批判の芽を摘んできました。漁業の現場を見る機会がない一般の人には、日本漁業の現状を知るチャンスなど最初からなかったのです。部外者にはわからないし、当事者はしがらみが多くて自由な発言ができないという構図があるのです。

都合が悪い情報を隠すのは、外圧からの組織防衛という観点からは、理想的な対応と言えます。ただ、問題を上手に隠したからといって、問題が消えてなくなるわけではありません。問題を解決するには、問題を正確に把握したうえで、対策を講じる必要があります。問題について公の場で語ることすらできない状況では、問題を解決できるはずがありません。日本の漁業は、情報統制がうまくいきすぎた結果、軌道修正する手段を失ってしまいました。ノルウェーやニュージーランドでは二〇年以上前に克服した乱獲問題が、日本では今日でも手つかずのまま残されています。まともに議論ができない状況が長く続いたために、日本には、漁業の構造的な問題を議論できる論客が育ちませんでした。

日本の漁業は、自らの問題から目をそらしたまま、衰退を続けています。公的資金でその場しのぎをして、延命しているにすぎません。税金で過剰漁獲を支えても、納税者にメリットはないのですが、メディアを利用して「日本漁業が衰退するのは、漁業者の責任ではない」「漁業者は、外部要因によって苦しめられている被害者である」「食料安定供給のために、税金を投入して助けなければならない」という世論を醸成し、税金の投入を正当化してきました。

魚離れにおける報道と現実のギャップ

日本のメディアは、魚離れを大々的に取り上げます。「消費者が魚を食べなくなったから、漁師さんが困っている。消費者は、もっと魚を食べないといけない」というような業界に都合がよい論調です。第一章でも述べたように朝日新聞に、最初に魚離れという言葉が登場したのは一九七六年でした（図7-4）。紙面には、「魚が好き」やっと半数　一匹買わずに切り身で　魚屋よりスーパー利用」という見出しが躍っています。このときに魚離れを指摘した「おさかな普及協会」というのは、水産関係の企業五九社が作った業界団体です。つまり、魚を売る側のプロモーションだったわけです。このようなプロモーションが行われた背景には、オイルショックによって遠洋漁業のコストが上がり、魚の消費が落ち込むのではないかという懸念がありました。

一九七八年から、水産庁が漁業白書で魚離れを取り上げます。その後もコンスタントに「魚離れ」キャンペーンを行って、魚を食べない消費者を非難してきました。

一九七六年「若い女性は魚離れ　料理は苦手、鮮度にも関心薄い」（おさかな普及協会調査）

一九七八年「消費者に〝魚離れ〟五二年度二〇〇カイリ時代初」（『漁業白書』）

一九八一年「魚離れ一段と　値上がりの分析不十分」（『漁業白書』）

一九八四年「正しい知識で魚料理を」水産庁、教材作り消費低迷に歯止め狙う

図7-4　魚離れに警鐘を鳴らす朝日新聞記事

若い女性は魚離れ

料理は苦手、鮮度にも関心薄い

おさかな普及協会が調査

「魚が好き」やっと半数

一匹買わずに切り身で

魚屋よりスーパー利用

出典：『朝日新聞』1976年9月8日

一九七〇年代から、魚離れの警鐘は鳴りっぱなしなのですが、第一章でも述べたように八〇年代中頃から、バブル期を通じて、消費量は増加し、日本の一人あたりの水産物の消費量がピークを迎えたのは二〇〇一年です。「ずっと前から魚離れが進行していた」という印象をお持ちの読者が多いのではないでしょうか。三〇年以上前から水産庁とメディアが「魚離れ」について警鐘を鳴らし続けた結果、消費者の魚離れがいつの間にか既成事実であるかのようになっていたのです。こうしてみると、大本営発表の威力はあなどれません。

魚離れの「既成事実化」は、現在の破綻した水産行政を正当化するうえで好都合でした。消費者に罪悪感を与えて、「魚を食べないといけない」という強迫観念を与えると同時に、漁業衰退の責任を消費者に転嫁して、公的資金を投入するための世論作りにもなります。まさに一石二鳥というわけです。

日本人一人あたりの水産物の消費量は、二〇〇一年にピークを迎えたのち、減少に転じています。魚の国際価格が上昇して、日本が水産物を輸入できなくなったのがその主要因です。世界の水産物需要は高まっているので、今後も日本の輸入量は減少するでしょう。これまで日本は、自国の恵まれた資源を粗末に扱いながら、世界中から水産物を買いあさってきました。持続性を無視した乱消費は、すでに限界に達しているのです。日本人の魚離れと言うよりも、「魚の日本離れ」と言ったほうが適切でしょう。

イカ釣り漁船への燃油補塡

情報統制によって、改革の芽を摘んでしまった事例を紹介します。二〇〇八年に燃油の国際価格が高騰しました。燃油を大量に使うイカ釣り漁業者は、大規模なストライキを行い、公的資金による燃油補塡を勝ち取りました。現在は、省エネのLEDの実証研究が税金で進められています。公的資金による燃油補塡や省エネ技術の促進が、イカ釣り漁業の長期的な発展につながるかは疑問です。

イカ釣り漁業の歴史を振り返ってみると、今から四〇年前にも、同じような状況に陥っていました。一九七〇年代のオイルショックで燃油の価格が上がり、従来の白熱灯では採算がとれなくなったのです。燃油価格の高騰により、従来のランプよりも五～一〇倍明るく、省エネのメタルハライド灯（メタハラ灯）が急速に普及しました。メタハラ灯が普及したことにより、イカ釣り漁業は再び採算がとれるようになったのですが、その結果として、猛烈な光量競争が進みました。

一九八五年には、白熱灯は一二〇キロワット、放電灯（メタハラ灯）は六〇キロワットという規制があったのですが、イカ釣り船はなし崩し的に光量を増やしていきます。そして「規制は漁業の実態とかけ離れている」と開き直って、九八年に白熱灯・放電灯とも一律に一八〇キロワットまでの規制緩和を勝ち取りました。この規制緩和の結果、イカ釣り漁業の光量は雪だるま式に増え、操業経費も増加していきました。

全体の光量が増えたからといって、イカの漁獲量は全体としては増えませんでした。イカを釣るだけなら、それほど多くの光は必要ありません。以前はたいまつや五〇ワットの白熱灯一個でイカを釣っていました。現在の光量は一八〇キロワットですから、五〇ワットの白熱灯三六〇〇個分の光量です。イカを獲るためというよりは、むしろ、他の漁業者とのイカの奪い合いに勝つために、光量が必要になっているのです。

多くのイカ釣り船が密集する津軽海峡や大和堆《やまとたい》では、光量が全体として過剰な状態です。光の干渉を考慮すると、一隻あたり一二～一三キロワットで十分な光量に達するという研究もあります(1)。現在の一八〇キロワットを、六〇キロワットまで下げれば、全体の操業コストは半分以下になります(2)。

イカの奪い合いの結果、集魚灯の光量競争がエスカレートし、イカ釣り漁業は儲からない漁業になってしまいました。燃油代はイカの料金に加算されるので、消費者にとっても不利益です。メタハラ灯は強い紫外線を発するので、イカ釣りは夜に行うにもかかわらず、イカ釣り漁業者は真っ黒に日焼けしています。やけどに近いような症状もあります。貴重な燃油を浪費して、二酸化炭素をまき散らし、漁業者の健康被害まで引き起こしているのです。光量競争によって、長期的に利益を得る人間は誰もいません。

すでにLED集魚灯の実用化に向けて多額の公的資金が投入されていますが、LED集魚灯に切り替えても、採算がとれなくなるまでLEDの数が増えるだけでしょう。燃油費用を公的資金で補助したところで、より高いレベルでの光量競争が続くのは目に見えています。省エネ技術や燃油補助金によって光量競争を温存しても、根本的な問題解決にはなりません。

イカ釣り漁業の経営を改善するには、IQ方式の導入によって早獲り競争を抑制するのが効果的です。自分が水揚げできるイカの量が決まっていれば、漁業者は、単価を上げる方向を模索するはずです。操業コストを削減するために、イカが釣れるぎりぎりの水準まで光量を落とすでしょう。ライトを増やす代わりに、イカを生きたまま持って帰る船上イケスなど、質（価値）を高めるための設備投資が進むはずです。

実は、LEDを導入しなくとも、少ない燃油でイカを集めることは可能です。ライトを水中に沈めれば、少ない光量でイカを効率的に集めることができるのです。水中にライトを入れると、イカや魚が集まりすぎて根こそぎ獲れてしまうので、禁止されているのです。

ＩＱ方式が導入されていれば、いくらイカを集めたところで獲りすぎる心配はありませんから、水中にライトを入れても問題ありません。そうすれば、集魚灯の運転コストは劇的に減少し、漁業者の健康被害もなくなります。

二〇〇八年六月にイカ釣り漁業者が一斉休漁としました。日本のマスメディアは、漁業者が燃油高騰で苦しんでいることを、連日のように、同情的に伝えました。その一方で、高コスト体質の根本原因である光量競争には一切触れませんでした。結果として、「イカ釣り漁業者は、投機目的の燃油高騰で困っている」「食料自給のために、かわいそうな漁業者を救わなければならない」という世論を醸成し、公的資金による燃油価格上昇分の補填を後押ししました。筆者は、燃油高騰をきっかけに、無駄な光量競争を改める方向に漁業が変わることを期待したのですが、安易な燃油補填によって、変化の芽は摘まれてしまいました。

ＩＱ方式を導入している漁業は燃油補填が不要

燃油価格の高騰は、すべての国の漁業に大きな影響を与えました。しかし、ノルウェーやニュージーランドのような漁業先進国では、公的資金による燃油補填は一切ありませんでした。ＩＱ／ＩＴＱ方式で早獲り競争を抑制しているので、補助金などなくても、漁業経営が成り立つのです。

第六章でも書いたように、オーストラリアでも、ＩＴＱ方式を導入していない漁業からは、日本同様、燃油に対する補助金の要求が出たけれども、ＩＴＱ方式を導入した漁業からは補助金の要求は一切出てこなかったそうです。

ＩＴＱ方式の場合、船の燃費が悪くて漁に出ても利益を出せない漁業者は、その年の漁獲の権利（エース）を売って当面の生活費を得ることができます。逆に、燃費がよい船の漁業者はエースを買い集めることで、効率的に漁獲を行うことができます。日本のように、たくさんの船でいっせいに海に出て、全員が赤字で帰ってくるよりも、よほど合理的です。

オーストラリア政府は、燃油価格高騰に対して公的資金の補助は行いませんでした。安易に補助金をばらまくのではなく、ＩＴＱ方式の導入を進めることで、事態の打開を図っています。その場しのぎの補助金行政ではなく、資源管理による根本的な問題解決を目指しているのです。

筆者が、オーストラリア漁業管理総局（Australian Fisheries Management Authority）局長のニック・レイン氏に行ったオーストラリアの漁業政策に関するインタビューを、インターネットに公開しています。興味がある方は、ぜひご覧ください(3)。

実は好条件が揃っている日本漁業

筆者は、初めてノルウェーの漁業現場を見たときに、日本漁業との違いに大きな衝撃を受けました。黒船を見た江戸時代の日本人の気持ちがよくわかりました。現在の旧態依然とした日本漁業では、逆立ちをしてもノルウェーに勝てないのは、一目瞭然です。

現地の聞き取り調査を行い、漁業改革の歴史的な経緯を学ぶにつれて、ノルウェー漁業の成功の陰には、長年の苦労があることがわかりました。ノルウェーはロシアと国境を接しています。冷戦時代には、西側と東側の最前線だったのです。ノルウェー沿岸には無数のフィヨルドがあります。無人のフィヨルドがあると、ソ連の原子力潜水艦に上陸されてしまうという国防上の理由から、すべてのフィヨルドに漁村を作りました。日本と同じように、小規模な漁村が無数にあり、漁民が強い政治力を持っているのです。そのうえ、ノルウェーは水産資源のほとんどを、ロシアとEUと共有しているので、ノルウェー単独の取り組みでは限界があります。

一方、日本は、太平洋側のほとんどの資源を一国で占有しています。他の漁場にしても、日本海側の資源は韓国と中国、オホーツク海はロシアと接しているぐらいです。日本近海は世界三大漁場と言われるぐらい高い生産性を持っています。このような漁場を一国でほぼ占有している日本のような国は、ほかにありません。資源管理のしやすさ、および管理をした場合の利益は、ノルウェーよりも日本のほうが格段に上なのです。

適正な資源管理を行うことで、漁獲量は今よりも安定的に増やすことが可能です。いくら資源管理をしても、漁獲量は自然の生産力という限界があるのですが、魚の値段のほうには上限はありません。すでに資源管理をしている漁業国は、漁獲量は控えめに抑えながら、魚の価格（価値）を上げる競争をしています。獲った魚に付加価値をどれだけつけられるかが、勝負のポイントです。付加価値をつけることでも、日本は世界をリードするポテンシャルを持っています。

日本には、多種多様な魚食文化があり、市場や魚屋のプロたちは、どうやったら、その魚の価値を最大に引き出せるかを熟知しています。日本には、付加価値をつけるノウハウと、大規模な水産市場があります。こんなに恵まれた漁業国はほかにありません。ノルウェー人はサバをほとんど食べないので、加工が盛んではありません。ノルウェーの人件費は高いので、ノルウェー国内での加工には限界があるでしょう。よい状態で漁獲して、すばやく冷凍するところまでが、現段階でのノルウェー漁業の限界です。しかし、そこまでのプロセスを合理的に行うことで、ノルウェー漁業は莫大な利益を上げています。日本の漁業は、さらにその先に進むことも可能です。

日本の漁業は、実は途方もなく恵まれています。日本は資源も市場も、世界一と言っていいぐらいです。ノルウェーなど海外の成功事例から謙虚に学び、資源管理をすれば、日本の水産業は再び世界のトップに君臨するだけのポテンシャルを秘めています。

漁業改革は待ったなし

しかし、改革のための時間はそれほど残されていません。水産資源はある程度以上減らしてしまうと、回復しなくなることが知られています。たとえばカナダのニューファンドランドのタラは、一九九一年に資源崩壊してから現在までほぼ禁漁にしているのに、回復の兆しがありません。実は、ノルウェーも北海で産卵するサバ資源を一九七〇年代に崩壊させています。現在でも、北海でサバの卵が採取されるので、北海のサバもほそぼそと存続しているのは間違いないのですが、漁業ができるような規模には回復しません。日本の水産資源もことごとく低水準で、強い漁獲圧にさらされています。まだ間に合ううちに、方向転換をする必要があります。

付加価値づけについても、黄色信号です。日本の多様な魚食文化は、魚の調理法というソフトウェアによって支えられてきました。その調理法を家庭に伝えていたのは鮮魚店の対面販売です。豊富な知識を持った魚屋さんが、旬の魚の美味しい食べ方を家庭に伝えていました。これによって、日本の家庭は魚の価値を引き出すことができたのです。現在、そうした鮮魚店がどんどん閉鎖されています。スーパーの鮮魚コーナーでは、調理法などの知識を得ることができません。築地をはじめとする市場も衰退が進んでいます。

これから五年間は、日本漁業にとってきわめて重要な期間になるでしょう。漁業者の半数は六〇歳以上で後継ぎがいません。このままでいけば、五年後には壊滅的に漁業者は減ります。また、水産資源も魚食文化も、存亡の危機に瀕しています。水産資源も魚食文化も、失われたものは取り返せません。一刻も早く構造改革をして方向転換をしなければ、本当に手遅れになってしまいます。

漁業という日本の問題

終戦直後から国策として優遇され、既得権益で守られてきた水産業は、問題を先延ばしにして、坂道を転がり落ちるように衰退しています。確かに五〇年前は日本漁業は華々しく栄えました。時代の変化に背を向けて、過去の成功体験にしがみつき、問題を先延ばしする産業に、明るい未来などありません。漁業では生計が立てられないので、漁師の息子たちは都会に就職し、戻りたくてもUターンなどできない状況です。新規参入は途絶え、高齢化もすでに限界です。放漫・赤字経営を放置してきた漁業組合は借金まみれです。五〇年前と今とでは、漁業の置かれている状況はまったく異なるのだから、「これまでどうだったか」ではなく、「これからどうするか」をきちんと議論する必要があります。

目先の組織防衛や既得権にこだわって、必要な変化を先延ばしするのは、なにも漁業に限った話ではありません。日本の組織全般に、多かれ少なかれ、同じような傾向がありま す。その背景には、身内の恥を隠す日本のムラ社会構造があると筆者は考えます。バブルの崩壊以降、漁業と同じように、問題を先延ばしにしながら衰退を続けている業界は、少なくありません。筆者の漁業衰退のストーリーを聞いた異分野の人から、「出版業界も同じだ」とか、「新聞業界も同じだ」とか、「コンピュータ業界も同じだ」などという感想が寄せられています。

日本人の多くは、漁業のことを時代遅れの産業と考えているようですが、筆者に言わせれば、没落日本の最先端を行く衰退産業です。「焼畑漁業」で世界を制した日本漁業が限界を迎えたのは、二〇〇海里によって、他国の沿岸から閉め出された一九七〇年代です。多くの産業が行き詰まったバブルの崩壊よりも二〇年も前から、問題の先延ばしをしてきました。日本漁業は、普通の会社だったら、とっくに倒産しているような状態です。食料安定供給を口実に、補助金などで支えられて、何とか存続してきました。もし、日本全体が、今の漁業のようなマイナスの状態になったら、日本という国は潰れてしまいます。

逆に、時代遅れの衰退産業と思われていた漁業が、構造改革によって持続的かつ生産的な産業に生まれ変わることができたら、どうでしょうか。衰退している日本の多くの産業に変化の必要性を伝える一つのきっかけになります。漁業改革が日本全体にとって重要な意味を持つのです。

日本の漁業は危機的な状況です。やり方を変えれば、日本の漁業は成長産業に転換できるのに、護送船団で守られてきた業界は、問題の先送りを続けて自滅しようとしています。そこで筆者は、自ら、漁業を改革するための「外圧」になることを決意しました。それ以外に、日本漁業が生き残る道はないと考えたからです。

国連海洋法条約のおかげで漁獲データが利用可能に!

そうはいっても、前述のように漁獲データが使えないという大きな問題がありました。国連海洋法条約という外圧のおかげで、ここに風穴が開きました。国連海洋法条約は、水産資源を人類共有の財産と位置づけたうえで、沿岸国に排他的経済水域（ＥＥＺ）の水産資源の排他的利用権を認めています。人類共有の財産を排他的に利用する対価として、沿岸国に資源管理を義務づけています。日本は一九九六年に国連海洋法条約を批准したので、資源管理の義務を果たしていることを対外的に示す必要性が生じたのです。そこで、九七年から主要な七魚種に漁獲枠を設定するＴＡＣ制度が導入されました。

第四章で説明したように、ＴＡＣ制度自体は、導入時点ですでに骨抜きになっていたのですが、ＴＡＣ制度の導入と並行して、漁獲枠を決定する根拠となる資源評価のレポート（「資源評価票」）がインターネットで公開されることになりました。このレポートには、資源研究の基礎となる年齢別の漁獲データが記載されています。一般公開されているのだから、誰かの許可を得なくても、データを使って、自由な言論活動が可能になりました。一九九七年から日本でも自国の水産資源についてデータにもとづいて論じる土壌が、ようやく整ったのです。

「資源評価票」がインターネットで公開されたときに、これまでデータを管理してきた機関の複数の知人から、「これでようやくデータを使ってもらえます」「どんどん活用してください」と声をかけられました。本当はデータを使って前向きな議論をしたくても、立場上それができなかった人も大勢いたのです。

インターネットで自由な情報発信

筆者が情報発信に使ったのは、インターネットです。二〇〇六年にブログを開設し、現在に至るまで更新を続けています。インターネットで情報公開をするうえで心がけたことは、次の二点です。

①ネット上に公開されているデータを利用して議論をすること

②自分の名前を前面に出すこと

「日本の漁業者は意識が高いから、乱獲などしない」という当時の常識に挑む以上、それなりの裏づけが必要です。インターネット上に存在する元データにリンクを張ったうえで議論を展開することで、読者が情報ソースを確認できます。公開情報のみを使ったのは、データ利用にまつわる様々なトラブルを未然に回避する狙いもあります。

国の漁業政策を批判すれば、それにお墨付きを与えてきた水産政策審議会の委員である大先生方との衝突は避けられません。肩書きでは勝負にならないので、こちらは言論の内容で勝負する必要があります。肩書きに頼らずに、個人の名前で言論活動を行うことも心がけました。そこで、ブログに自分の名前を入れることにしたのですが、困ったのがサイトの名前です。「勝川俊雄のページ」や「勝川俊雄のサイト」では、なんだか素人くさくて締まりがありません。実名を使っている他のサイト（ほとんどが著名人ですね）を参考に、「勝川俊雄公式サイト」としました。なんとなくプロっぽいというだけの理由で「公式」

と入れたので、べつに非公式サイトが存在するわけではありません。ＵＲＬは、http://katukawa.com/ です。

漁業関係のサイトが少ないこともあり、水産関連のことを検索すると、たいていは筆者のサイトが出てくるようになりました。マスメディア関係者にもチェックしていただいており、ブログ発の新聞記事も数多く存在します。実はこの本を執筆することになったのも、筆者のブログがＮＴＴ出版の編集者の目にとまったのがきっかけです。

現在はツイッターも活用しています。アカウントは @katukawa です。３・１１以降は、水産物の放射能汚染の情報があまりにも少なかったので、自分で集めた情報を細々と発信していたら、いつの間にかフォロアーが二万人を超えました。今後も新しいメディアには積極的に挑戦していくつもりです。

マスメディアで情報発信

インターネットやシンポジウムなどで、積極的に問題提起を行っていたら、朝日新聞から取材依頼が来ました。そうしてできた記事が、二〇〇七年一月の「イワシ「乱獲」お墨付き」です（**図7-5**）。二〇〇一年と二〇〇二年のマイワシの漁獲枠が資源量を上回っていたことを批判する内容でした。

これまで漁獲枠の設定根拠について、いくら質問をしてもなしのつぶてだった水産庁が、朝日新聞の質問に対応をしたことに驚きました。「外国船もマイワシはとっており、日本だけが資源が減った責任を負うわけにはいかなかったし、安定供給も必要だった。当時としては妥当な判断」という水産庁管理課のコメントには驚かされました。資源量を上回る漁獲枠を設定して、資源減少に拍車をかけることが「安定供給」というのは、無理があり

図 7-5　マイワシの乱獲について報じる朝日新聞

イワシ「乱獲」お墨付き

水産庁

許容量超す漁獲許可「安定供給のため」

激減して今や高級魚の一角を占めるマイワシについて、水産庁が、資源保護のために設定されている「許容漁獲量」を大幅に上回る量の漁獲を認めていることが分かった。01、02年には、日本周辺のマイワシの総量を上回る量の漁獲を認めていた。実際に水揚げされた漁獲量も02、04、05年と許容量を超えており、06年も上回った。水産庁が漁業資源の「乱獲」にお墨付きを与えているかっこうだ。（長野剛）

マイワシの年間漁獲量は80年代に400万トンを超え、養殖魚のえさにも使われていたが、90年代に入って激減し、05年は約2万8千トン。保護策を講じなければ、将来的にニシンのように枯渇しかねないと、専門家の間で危機感が広がっている。

ところが、こうした状況の中で、水産庁は「乱獲」を認めていた。

水産庁は、日本周辺の太平洋と日本海に分布するマイワシについて、繁殖力などの生物学的根拠に基づき、安定して漁獲し続け、かつ将来的に最も多い漁獲量を得るための上限の量として許容漁獲量を算出している。日本海のマイワシについては資源量が激減したため、03年以降は「マイワシを専門にとることは避けるべきだ」などとしている。

この許容量を参考にして、国内の漁業者に認める漁獲量を決めるが、許容量を公開した02年以降、毎年、許容量を超えている。02年には許容量2万8千トンに対し、約12倍の34万2千トンの漁獲を認めていた。

実際の漁獲量も、02、04、05年と許容量を上回った。06年の水揚げ量も11月末現在で4万7千トンと、すでに許容量の3万8千トンを上回っている。

01、02年には、マイワシの総量を上回る量を認めていた。水産庁によると、02年に日本周辺の海に生息していたマイワシの資源量は21万4千トン。これに対して、水産庁が認めた漁獲量は34万2千トンで、マイワシ総量の約1・6倍。01年も、資源量33万9千トンに対して38万トンだった。

各年の資源量は、その後数年間の漁獲などから事後的に確定するが、当時は減少傾向が明らかだった。水産庁管理課の坂[illegible]班長は「外国船もマイワシはとっており、日本だけが資源が減った責任を負うわけにはいかなかったし、安定供給も必要だった。当時としては妥当な判断」と説明する。その上で「資源保護への社会的な認識が高まり、その後は漁業者に認める漁獲量を許容量に近づけている」と話す。

漁業資源の管理に詳しい勝川俊雄・東京大助手は「90年代以降、太平洋のマイワシは適正な漁獲を守れば増える可能性が高かった。資源量が減った以上、現状に見合った規模に漁獲量を減らすべきだ」と指摘。漁業者の廃業を促す対策も検討すべきだと話している。

出典：『朝日新聞』2007 年 1 月 16 日

ます。

一方、「これはセンシティブな問題だから、自分のコメントは書面で確認したい」と最初に約束したにもかかわらず、反古にされたうえ、新聞紙面に掲載された私のコメントが、許可なく変更されていました。自分が言ったことの責任を問われるのは当然のことですが、言ってないことの責任を問われたくはありません。当然、記者には文句を言いましたが、記事が出てしまってから何を言っても、後の祭りです。マスメディアの力と同時に怖さも実感しました。それ以降は記者をしっかりと選ぶことを心がけるようにしているので、今のところは大きな問題は生じていません。

二〇〇七年初夏に、ヨーロッパウナギがワシントン条約締約国会議で「付属書Ⅱ」に掲載されました。「日本の食卓からウナギが消える?」ということで、国内でも大きなニュースになりました。NHKが看板番組の「クローズアップ現代」でこの問題を取り上げたいと言って、筆者のところに取材に来ました。筆者は、「ヨーロッパウナギなんかよりも、日本のマサバのほうが大変なことになっている。これを取り上げるのがNHKの使命ではないか」とディレクターに直訴しました。あれこれ議論した末に、ヨーロッパウナギを切り口にするが、日本のサバ漁業の乱獲をメインで取り上げてもらいました。サバ漁業で利益を上げるノルウェーの現地取材も行い、漁業先進国との違いが明白なりました。NHK

で日本の漁業を批判する初めての番組ということで、ディレクターも筆者もかなり覚悟を決めて番組を作りました。

筆者が驚いたのは、オンエアーの前日に担当ディレクターが水産庁に呼び出されて説明をさせられたことです。こんなこともあろうかと、番組で使う国内の情報はすべて水産庁の公開資料から引用しておいたので、文句の付けどころが見つからなかったようです。もし、番組の中に使用許可が必要になるような非公開情報が混ざっていたら、どうなったかわかりません。

その後も徐々に、新聞、テレビなどで、漁業の問題を取り上げてもらえるようになり、日本の漁業の問題点が、少しずつ世間に認知されてきたように思います。筆者は業界紙でも、コラムを連載しています。「こんなにストレートな業界批判を、業界紙に載せてよいのだろうか?」と思いつつも、書きたい放題を続けてきましたが、意外なことに読者からの反応は悪くないようです。漁業を何とかして立て直したいと思っている関係者は少なくないのです。

水産庁のずさんな資源管理と大型巻き網漁船の乱獲を批判したところ、水産庁から北部巻き網組合の理事に天下った人物から反論を受けました。筆者から批判されている当事者が、こともあろうに「民間の学識経験者」と名乗っているのだから、あきれてしまいます。

内容もいい加減だったので、間違えを指摘したところ、それ以降、出てこなくなりました。

高木委員会提言

筆者がメディアを使って日本の漁業政策の批判を展開しているうちに、日本漁業を改革しようという動きが、財界から出てきました。社団法人 日本経済調査協議会は、元農林水産省次官の高木勇樹氏を委員長に据え、経済界、学界、マスコミなどの分野の有識者を集めて、二〇〇六年に農政改革の提言を行いました。「農業の次は漁業だ」ということで、二〇〇七年に漁政改革に着手したのです。

高木委員会は、「魚食をまもる水産業の戦略的な抜本改革を急げ」という緊急提言を、二〇〇七年二月に公開しました。(4) 筆者はインターネットで、はじめて高木委員会なるものの存在を知ったのですが、漁業の現状に対する危機感は、筆者としても共感できるものでした。

同年五月に、筆者は高木委員会に講師として招かれて、資源管理の基本的な考えをレクチャーしました。「資源管理で持続的に利益の出せる漁業」という筆者の主張は、高木委員会提言の一つの核になったと自負しています。同年七月、高木委員会提言「魚食をまもる水産業の戦略的な抜本改革を急げ」が発表されました。[5] 報告書はインターネット上に公開されていますので、ぜひご一読ください。

高木委員会提言は、日本漁業の構造的な問題を社会に提起したのですが、水産庁は、だんまりを決め込みました。全国漁業組合連合会（全漁連）も似たようなもので、全漁連漁業制度問題研究会を結成し、「水産業改革高木委員会『緊急提言』に対する考察」という文書を出したのみでした。

全漁連漁業制度問題研究会の出した文書は、考察というほどの内容はありません。対策も出さずに、高木委員会提言のあら探しをしただけという印象です。「日本漁業の困難の原因は、漁業経営コストの上昇、輸入水産物の増加、低価格志向を含む消費者の需要の変容といった客観的事情にもとづいている」と他人事のように主張しています。ノルウェーやニュージーランドのような成功事例を無視して、日本の沿岸漁業には問題がないという前提で議論をしているのだから、「改革のための改革は必要ない」という結論しか出てこないのは自明です。

どんな産業であれ、外部要因が変わったら自助努力でそれに適応するのが当然です。その当然の努力を何十年も怠ってきたから、漁村の衰退に歯止めがかからないのです。

筆者には現状を維持することが漁民のためとは思えません。かつては一〇〇万人いた漁業者は二〇万人に減少しました。漁業の衰退を背景として、漁業者の発言力は弱まる一方です。かつては漁業者が反対をすれば、海のことは決められませんでした。たとえば、一九七〇年代に建設省が海洋基本法と同様の法案を持ち出したときには、漁業関係者の審議拒否で廃案に追い込みました。漁業が衰退した現在では、漁業者が議論にほとんど参加しないまま、漁業を無視した海洋基本法が二〇〇七年にあっさり成立しました。このまま漁業が衰退していけば、漁業者が意見を出しても相手にされなくなるのは時間の問題でしょう。変化に反対をしていれば既得権を守れた時代は、とっくの昔に終わっていることに、早く気づいてもらいたいと思います。

規制改革

高木委員会に引き続き、内閣府の規制改革会議でも水産行政の改革に関する議論が行われました。(6) 資源管理が主要なテーマですが、漁業権のあり方など多岐にわたる内容が盛り込まれました。具体的な内容としては、次の通りです。

- 総漁獲枠（ＴＡＣ）が科学者の計算した生物学的許容漁獲量（ＡＢＣ）を無視して過剰に設定されている現状の改善
- ＩＱ方式の活用・ＩＴＱ方式の検討

・漁協経営の透明化・健全化について
・漁協における情報開示の強化及び信用事業を対象とした金融庁検査の実施

規制改革には筆者は直接関与していませんが、資源管理の部分は髙木委員会提言を下敷きにしているので、筆者の従来からの主張と共通する内容になっています。「ABCを遵守した控えめの漁獲枠」と「漁獲枠の個別配分」という二点は、筆者が提唱する「持続的に儲かる漁業の方程式」そのものです。ここまで本書を読まれた方は、なぜそれらが必要かおわかりいただけると思います。

漁業権については、その行使実態が明らかにされていない点を問題視しています。漁業協同組合は、漁業権という社会的な特権を持っているにもかかわらず、その実態がきわめて不透明です。組織内に金融機関まで持っているのに、公認会計士の監査すら受けていません。組合の正会員としての資格を持つには、年間九〇日以上漁業に従事する必要があるのですが、その条件を満たしていない正会員が多数存在します。水産資源は、漁業者の私物ではありません。公的な権利を排他的に利用する以上、漁業組合には一般企業以上の情報開示義務があるのは当然でしょう。

筆者は、規制改革会議で水産資源管理について前向きな議論がなされることを期待したのですが、まったくそうはなりませんでした。全漁連が財務状況の公開に反対をして、議論が止まってしまったようです。議論が膠着したまま、小泉改革の一環であった規制改革会議は、二〇一〇年三月三一日をもって終了しました。

規制改革会議の成果は、ABCとTACの乖離をなくすことが、盛り込まれたことです。これによって、過剰な漁獲枠の設定に一定の歯止めがかかるようになりました。また、IQ方式を導入しない理由を水産庁に説明させたのも、大きな前進です。

IQ方式に反対する水産庁の言い分

規制改革会議は、IQ（個別漁獲枠）方式の導入を検討するように水産庁に要請をしました。規制改革会議の要請は、閣議決定ですから、水産庁も無視できません。大あわてでIQ方式を導入しない理由をまとめました。当時の資料はインターネット上に公開されています。[7]まず、IQ方式についての反対理由を並べたうえで、IQ方式を導入するために必要な条件を並べています。

では、個別に見ていきましょう。

水産庁の反対理由その①

漁獲量の迅速かつ正確な把握に、多大な管理コストを要する

反対理由の一番は費用でした。漁獲量の迅速かつ正確な把握のためにコストがかかるのは当然ですが、それはＩＱ方式の導入によって新たに生じるものではありません。現在のオリンピック方式のＴＡＣ制度のほうが、リアルタイムでの全体の漁獲量の正確な把握が必要なのです。ＴＡＣ制度を一五年も運用しておきながら、いまだに漁獲量の迅速かつ正確な把握ができていないようでは、資源管理とは呼べません。水産庁には漁獲量の把握すら荷が重いということであれば、資源管理のための独立した政府組織を作る必要があるでしょう。

このときに水産庁が漁獲量把握のためのコストとして出してきた四三六億円という金額も非常識です。第四章でも説明したように、九四魚種、一七八系群をＩＴＱ方式で厳密に管理しているニュージーランドは、漁業者から徴収した資源維持費用（Cost Recovery）で、資源管理のすべての費用をまかなっています。ニュージーランドの水産予算は約七〇億円ですが、そのうち資源管理のための経費は、たったの一九億円です。七魚種、一九系群の管理に四三六億円も要求する、水産庁のコストパフォーマンスの悪さが際立ちます。

仮に四三六億円が必要だとしても、資源管理はやるべきです。水産庁の年間予算は約

四〇〇〇億円ですが、その半分以上を漁港建設などの土木工事に費やしてきました。おかげで日本の沿岸漁業は、「水産土木栄えて、水産業廃れる」というありさまです。公共事業を少し減らせば、四〇〇億円ぐらいは簡単に捻出できます。僻地の過疎化した漁村に立派な港を次々と建設するよりも、水産業の未来につながる資源管理に公的資金を投入すべきです。世界断トツの水産予算を持ちながら、「お金がないから資源管理できない」と言われても、納税者は納得しないでしょう。

水産庁の反対理由その②
価格の高い時期に漁獲が集中し、市場が混乱する

現在の日本漁業では、「獲れるときに、獲れるだけ獲る」が基本です。解禁と同時に漁獲が集中して、値段が上がる頃には魚が残っていないこともしばしばです。半年待てば価値が一〇倍になるとわかっているような脱皮したての水ガニだろうと、「今獲らないと、他の誰かに獲られてしまう」と言って水揚げをします。早い者勝ちで資源を奪い合うので、旬ではない値段がつかない時期であっても、獲れるだけ獲ってしまいます。だから、価値が出てくるサイズや時期に獲れる魚が残ってないのです。

ＩＱ方式なら、漁業者は自分の漁獲枠の魚をいかに高く売るかを考えるので、魚の価値

が上がるまで待つことができます。さらに、自分の漁獲枠をできるだけ高く売るために、市場のキャパシティーを超えて値崩れするような水揚げはなくなります。ＩＱ方式を導入すると水揚げが集中し、市場が混乱するというのは、普通に考えてありえない話だし、現にＩＱ方式を導入した諸外国は逆の方向に進んでいます。こういう反対理由を出してくるのは、漁業の現場を知らず、資源管理の基本的な理論も理解していないからでしょう。

水産庁の反対理由その③

生産性が高く資本力のある漁業者に割当が集中し、結果として漁村地区が崩壊する

ＩＱ方式を導入すると漁村地区が崩壊するというのは、誤りです。もっとも自由な経済活動を許容するＩＴＱ方式を導入した、ニュージーランドの離島の小規模漁業コミュニティーも元気に存続しています。コミュニティーの住民自身が、「ＩＴＱがなかったら、漁業はなくなっていた」と言っているのですから。

漁村を崩壊させるもっとも確実な方法は、資源管理をしないことです。水産庁の無為無策によって、日本の漁村の大半が崩壊の危機に瀕しています。日本漁村が生き残るには、適切な総漁獲枠の設定と、社会的に公平な漁獲枠の個別配分が必要なのです。

荒唐無稽なIQ方式の前提条件

水産庁が招集した有識者懇談会は、日本ではIQ方式を導入するための次のような前提条件が満たされていないと主張しました。

①個別割当方式の導入について漁業者の賛同が得られていること

②関係漁業者の不満の生じない配分が可能であること

この前提条件もデタラメなものです。資源管理は、漁業者の同意の有無にかかわらず、公的機関の責任において実施しなくてはなりません。乱獲は公益に反する行為であり、国連海洋法条約にも反しているのだから、漁業者の意向にかかわらず、乱獲を停止する義務が日本政府にはあります。

水産庁の主張は、「工場の合意がなければ、公害の規制は設けるべきではない」というのと同じことです。工場の合意がなくても、公害物質の排出は規制すべきです。それと同じ理由で、漁業者がいくら反対しようとも、資源管理はやらなくてはならないのです。それが国連海洋法条約を批准した日本国の責任であり、未来の食卓・魚食文化を守るために、我々に課された義務でもあります。その責任・義務を果たすために、漁業者の理解・協力を得るように汗をかくのが水産庁の仕事です。

多すぎる漁業者に対して、魚が少なすぎる現状を考えれば、すべての漁業者が満足するような漁獲枠配分がありえないことは自明です。皆が一〇〇パーセント満足をしないからといって、何もしない口実にはなりません。どんなに成功している漁業国の漁業者も、「自分の枠は少なすぎる」と口を揃えます。

これらの前提条件が満たされていて、ＩＱ方式を導入した国などありません。他国の官僚は、国益のために、体を張って漁業者を説得しています。日本の行政も、「条件が揃っていない」と開き直るのではなく、自分たちがやるべき仕事をやってほしいと思います。

水産庁がＩＱ方式に反対する本当の理由

有識者懇談会の結論は、論理破綻をしています。なぜ、意味不明な理由を並べてまで、ＩＱ方式を頑なに拒むのでしょうか。議事録をよく読むと、ＩＱ方式に反対する本音が出てくる部分があります。「第五回ＴＡＣ制度等の検討に係る有識者懇談会議事録」の19ページにある川本委員（社団法人 全国まき網漁業協会副会長・元水産庁次官）の発言です。

反対の理由は、第一に先ほど須能委員がおっしゃたように、漁船隻数の過剰がオリンピック方式であればあまり表に出ないんですが、個別割当方式であれば、非常にはっきりと出てくるものでして、この割当量では、漁業をやめたい、あるいは今漁期は休漁したいという人が出てくるわけです。その時、今の減船は、残存者の負担を条件にした国の補償制度で実施しております。しかし、残存者の数が減ってくると、負担が大きくなって、現在は機能しなくなっております。したがって、減船希望者の船を政府が直接買い上げる方式を導入することが必須条件となる……

さすがに元水産庁次長だけに、現状を正確に把握しています。すでに乱獲で資源が減少している現状で、漁獲枠を個別配分すると、漁業者一人あたりの漁獲量は少なくなります。個別漁獲枠方式だと資源の枯渇が明白になり、その結果として大量の離職者が発生するということです。

今の日本漁業は、大皿料理を早い者勝ちで奪い合っているような状態です。皆が腹一杯になるだけの料理はないのですが、「他の人が先に食べたせいだ」「次こそはスタートダッシュで頑張るぞ」と皆が思っているわけです。もし、あらかじめ小皿に分けて、個人に配分する方式（ＩＱ方式）に切り替えるとどうなるでしょうか。料理の少なさが誰の目にも明白になり、不平不満の声が上がるでしょう。

問題を見えづらくして先延ばしをすればそれでよいというのは、無責任な考えです。ＩＱ方式の導入によって、高齢者を中心に離職者が増えることは、漁業者の数による政治力を利用している全漁連や、漁業者を票田と考えている族議員にとって、望ましいことではありません。水産庁にしても、離職者への対応として、減船などの費用が発生することになり不都合です。彼らがＩＱ方式の導入に反対するのは、心情的には理解できます。

だからといって、資源の減少を隠して漁業者の数を維持しても、漁業のためにも地域のためにもなりません。漁業を続けられないほど資源が減少している現実を隠すことは、漁業者を欺く行為です。むしろ、ノルウェーのように社会福祉分野で離職者への対応をしっかりと行いながら適正水準まで漁業者を減らしたほうが、長い目で見れば漁村地域のためになります。適正規模まで漁業者を減らすことは、去る人にも残る人にも、メリットがあるのです。

八方ふさがりの漁業改革

日本における漁業改革の動きは、既得権組織の厚い壁に阻まれました。今もなお、無規制漁業の結果の乱獲が進行し、日本近海の資源は枯渇に向かっています。漁業の生産性は低く、漁業者の減少に歯止めがかかりません。デタラメな漁業政策で産業を破壊しているのだから、日本漁業の衰退は人災です。

デタラメな漁業政策を修正する試みは、これまでに十分な成果を上げているとは言いがたいのですが、一連のプロセスに改革サイドとして参加した筆者には、日本漁業の根深い問題が見えてきました。

日本漁業が衰退を続ける背景には、「問題を隠して現状を維持しようとする既得権勢力」「現状を知らされず非生産的な労働を余儀なくされている漁業者」「何も知らされていない納税者」という構図があります。漁業以外の多くの産業にも共通点がありそうです。

注

（1）「夏季の日本海イカ釣り漁場における小型イカ釣り漁船の分布と漁船間距離」『日本水産学会誌』69(4), 584-590, 2003-07-15

（2）髙山剛「小型いか釣漁船における集魚灯運転コストと漁獲量の関係について」(http://jsnfri.fra.affrc.go.jp/shigen/ika_kaigi/contents/H15/H15-5.pdf)

（3）http://www.youtube.com/watch?v=V8K6o61tmhQ

（4）http://www.nikkeicho.or.jp/Chosa/new_report/takagifish070202_top.html

（5）http://www.nikkeicho.or.jp/Chosa/new_report/takagifish070731_top.html

（6）http://www8.cao.go.jp/kisei-kaikaku/publication/2008/1222/item081222_07.pdf

（7）http://www.jfa.maff.go.jp/j/suisin/s_yuusiki/pdf/siryo_18.pdf（水産庁は定期的にファイルの置き場所を変えるので、リンク切れの場合は、「ＴＡＣ制度等の検討に係る有識者懇談会」で検索してください）

第八章　解決への道筋——クロマグロの資源管理

自分自身が漁業改革に携わって強く感じたことは、この国の水産政策に長期的な国益という視点がないことです。政策決定は関係者の利害調整の結果にすぎず、資源の持続性への配慮も、消費者への配慮も、中長期的な産業振興への配慮も欠如しています。目先のつじつま合わせと問題の先送りを繰り返して、漁業を衰退させ続けています。国連海洋法条約で義務づけられた資源管理についても、やっているポーズだけです。国が責任をもって資源管理をすべきだという指摘に対しても、水産庁から業界に天下った人間を集めた審議会で、できない理由を並べてごまかそうとしています。

水産庁に直接働きかけるだけでは、あまり効果がありませんでした。ではどうすればよいのでしょうか。これといった打開策が浮かばないまま、暗中模索を続けているうちに、日本漁業を改革するためのヒントがうっすらと見えてきました。改革のための道筋を示す一例として、太平洋クロマグロの事例を紹介します。

クロマグロ資源の世界的な減少と日本の消費者の責任

世界のマグロ資源が減少していることは、頻繁にメディアに取り上げられているので、皆さんもご存じだと思います。クロマグロには、太平洋に生息する太平洋クロマグロと、大西洋に生息する大西洋クロマグロの二種が存在します。大西洋クロマグロの資源が乱獲によって激減し、二〇一〇年のワシントン条約の締約国会議で、規制をするか否かが議論されました。締約国会議では辛くも規制を免れましたが、資源の減少は明らかであり、しばらくの間、漁獲の大幅な減少は避けられない状況です。

大西洋クロマグロの資源管理は破綻していました。大西洋クロマグロは一九九四年から、絶滅危惧種としてレッドリストに掲載されています。にもかかわらず、国際管理機関の大西洋まぐろ類保存国際委員会（ＩＣＣＡＴ）は、科学者の提言を無視して過剰な漁獲枠を設定し続けました。二〇〇六年には、科学者が一万五〇〇〇トンの漁獲枠を勧告したのに対して、ＩＣＣＡＴが設定した漁獲枠は三万トンでした。実際の漁獲は、漁獲枠をはるかに上回る五万～六万トンであったとＩＣＣＡＴ自身が認めているのだから驚きです。

不正漁獲されたクロマグロのほとんどが日本で消費されました。日本の商社が不正の存在を知りながら購入したマグロを、我々日本人が無頓着に消費してきたのです。不正漁獲をする漁業者や、十分な取り締まりをしなかったＩＣＣＡＴのみならず、日本の商社と消費者にも、責任の一端はあると筆者は考えます。

ヨーロッパウナギの顛末

日本人が他国の資源を食べ尽くしてしまった事例の一つが、ヨーロッパウナギです。一九九〇年代に、ヨーロッパウナギのシラスを中国で育てて、日本に輸出するというルートが確立されてから、ヨーロッパウナギへの漁獲圧が高まりました。資源の減少に歯止めがかからなかったことから、二〇〇七年のハーグのワシントン条約締約国会議で、ヨーロッパウナギが「付属書Ⅱ」に掲載されました。**図8-1**は、中部国際空港の売店で配布されていた「うなぎパイ使用うなぎ説明書」です。うなぎパイに使用されているウナギは、ワシントン条約で規制されているヨーロッパウナギではないことを示す内容です。

日本のメディアは「当面は我々の食卓への影響はないようで一安心です」という論調でした。視聴者はそれを聞いて安心し、いざ輸入が止まると、それ以降の報道は途絶えてしまいました。その後の経緯を知る日本人はほとんどいないでしょう。

ではどうなったかというと、ヨーロッパウナギ資源はまったく回復していません。漁業はほぼ消滅し、伝統的な漁法による漁獲が細々と続けられているだけです。スペインのバスク地方では、お祭りの前の日にシラスウナギの料理を食べる伝統がありました。シラス

図8-1　中部国際空港の売店で配布されていた「うなぎパイ使用うなぎ説明書」

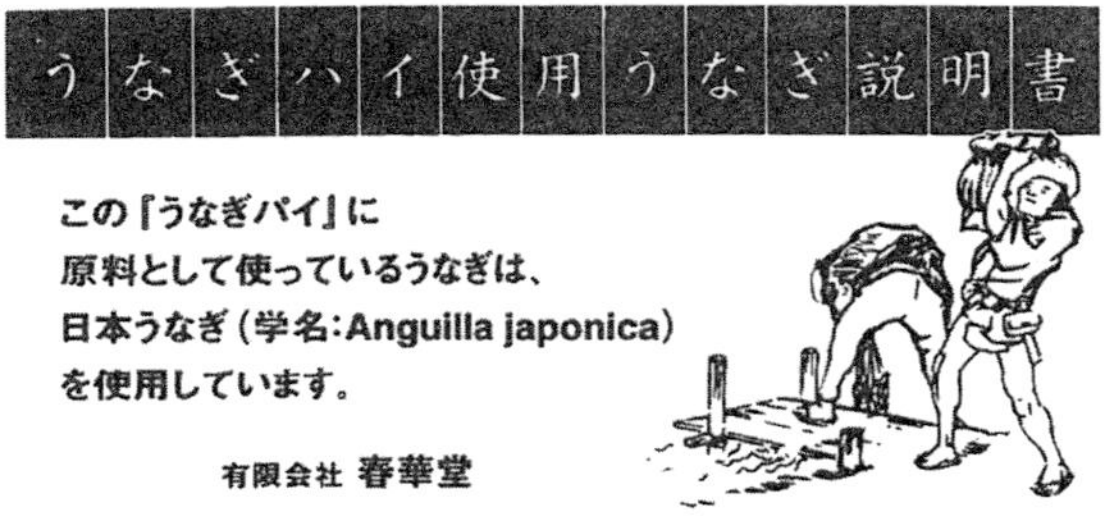
うなぎパイ使用うなぎ説明書
この『うなぎパイ』に
原料として使っているうなぎは、
日本うなぎ（学名：Anguilla japonica）
を使用しています。
有限会社 春華堂

ウナギの漁獲が激減したために、現在は一皿八〇ユーロを超える贅沢品になってしまいました。高価なシラスウナギに手が出ない庶民は、すり身で作られたシラスウナギの代替品を食べています。日本人の乱食が、他国の魚食文化を破壊してしまったのです。我々の消費行動の陰で、世界の多くの水産資源が枯渇してきました。

筆者には、日本人がヨーロッパウナギを大切に食べていたとは思えません。ワシントン条約で規制される直前まで、ヨーロッパウナギはニホンウナギの下位代替品として、スーパーでたたき売りされていました。シェアを争う商社が、持続性を無視してウナギをかき集めた結果、消費者は一時的に安く買えたのですが、その結果として、資源は枯渇してしまいました。持続性を無視して、他国の伝統的な食文化を破壊するような乱消費を、「魚食文化」と呼ぶことはできません。

もともとウナギは、年に何度か、晴れの日に食べる食材でした。土用の丑の日に、少しお高い店で「今年のウナギはおいしいね」と言いながら、味わって食べていたのです。消費量は少なくても、大切に食べていた時代のほうが、よほど食文化と呼ぶにふさわしいと思います。

ヨーロッパウナギの失敗をクロマグロでも繰り返すわけにはいきません。大西洋クロマグロは、適正な管理下で漁獲された魚のみを輸入するようにしなくてはなりません。その場合、大西洋クロマグロの輸入が減少するのは確実ですから、日本近海に生息する太平洋クロマグロ資源の持続的な利用が重要な課題です。

クロマグロ一本釣り漁師からのSOS

二〇〇九年の春に、筆者のもとに、マグロ一本釣り漁師の佐々木敦司さんから、電話がかかってきました。「大型巻き網船が、日本海の産卵場でクロマグロの産卵群を乱獲している。急激にクロマグロが減少しているのに、国も水産庁も何もしてくれない。専門家は何をやっているんだ！」といきなり怒られました。佐々木さんはマグロの一本釣りの漁師ですが、漁具を自ら開発して、各地で普及して回っているユニークな人物です。日本海のクロマグロ産卵群が激減したために、困っている自分の弟子たちを救うために行動していたのです。佐々木さんは、国や組合に陳情してもらちがあかず、大型巻き網船の乱獲を批判している筆者のところに電話をしてきたのです。

筆者は、佐々木さんのことを気の毒に思いましたが、当時はクロマグロにはそれほど興味がありませんでした。日本の食卓にとっては、マイワシやサバのような大衆魚の資源管理のほうが優先課題と考えていたからです。その後も、佐々木さんは繰り返し電話をしてきて、窮状を訴えました。筆者は根負けをして、現場の視察をすることにしました。二〇〇九年の七月のことです。

港では、腹がはち切れんばかりに卵を持った産卵期のマグロが、大量に水揚げされている光景を目の当たりにしました。筆者が視察したときには、二〇〇人ぐらいの人間が水揚げ作業を行っていました。地元の沿岸漁業者のよい小遣い稼ぎになっているようです。

巻き網による産卵群の乱獲

日本海の大型巻き網船の一大拠点である境港《さかいみなと》（鳥取県）のクロマグロの水揚げは、二〇〇四年から急増しています（図8-2）。二〇〇三年以前は、イワシやサバを狙った操

図8-2　境港のクロマグロの水揚げ数量と水揚げ金額

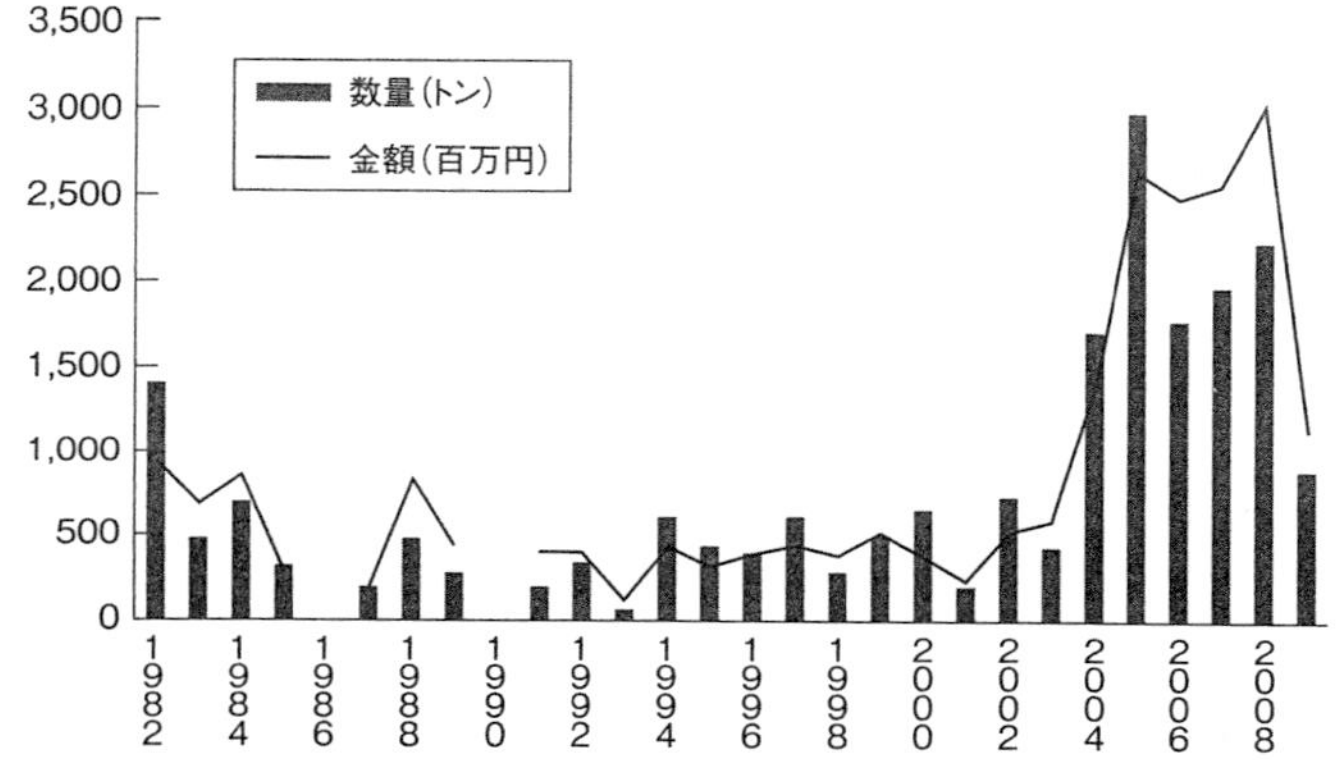

出典：境港市水産課のデータ（http://sakaiminato.net/site2/page/suisan/contents/report/maguro/）をもとに作成

業をしながら、運良くマグロの群れに遭遇したら、漁獲をしていました。イワシやサバを獲り尽くし、獲る魚がいなくなった巻き網船団が、二〇〇四年からクロマグロの産卵場で産卵群を狙った操業を活発化させたのです。

日本海の大型巻網船のクロマグロの水揚げは境港に集中します。巻き網で一網打尽にすると、何百本ものクロマグロが一度に水揚げされます。もともとイワシやサバを獲っていた巻き網の運搬船には、マグロを凍らせるような設備はありません。また、一本釣りのように素早く船上で処理することもできません。血抜き処理をしていないマグロは、品質が急激に劣化します。水揚げしたマグロのえらや内臓を取り除く処理を素早く行うには人手が必要になります。マグロを漁獲してから港に運ぶまでに、半日～一日かかります。その間に、大量の人手を準備できるような規模の漁港は、日本海側には境港しか残ってないのです。

一本釣りや延縄《はえなわ》のような伝統的漁法では、一度に大量のマグロを漁獲できません。漁獲したマグロを一本ずつ船上で処理をして、鮮度を維持して港まで運びます。同じマグロでも、事後処理によって品質に大きな差が生じます。巻き網で獲ると一キログラム一〇〇〇円、伝統的漁法で獲ると一キログラム五〇〇〇円が相場です。巻き網は品質の悪さを量で補います。一本釣りで有名な大間（青森県）の漁師たちが一年かけて水揚げするのと同じ量のクロマグロを、巻き網船団は一日で水揚げします。そうすると築地市場でも魚が余って、相場が暴落します。こうなると、一本ずつていねいに漁獲をする一本釣りの経営が成り立たなくなります。

二〇〇四年以降の境港の漁獲量を成熟魚（三五キログラム以上）と未成魚（三五キログラム未満）に分けてみると、**図8-3**のようになります。なお、二〇〇八年から、境港市は「むやみに捕っているとの誤解を招きたくない」（共同通信 二〇〇九年一〇月二〇日）として詳細なデータを公表しなくなったので、個人的に集めた市場データをもとに分類をしました。操業が本格化した二〇〇四年の翌年から成熟魚の漁獲量は直線的に減少し、二〇〇七年から、未成魚主体の漁獲になっています。海に残しておけば翌年から産卵群に

図8-3　境港のクロマグロの漁獲量

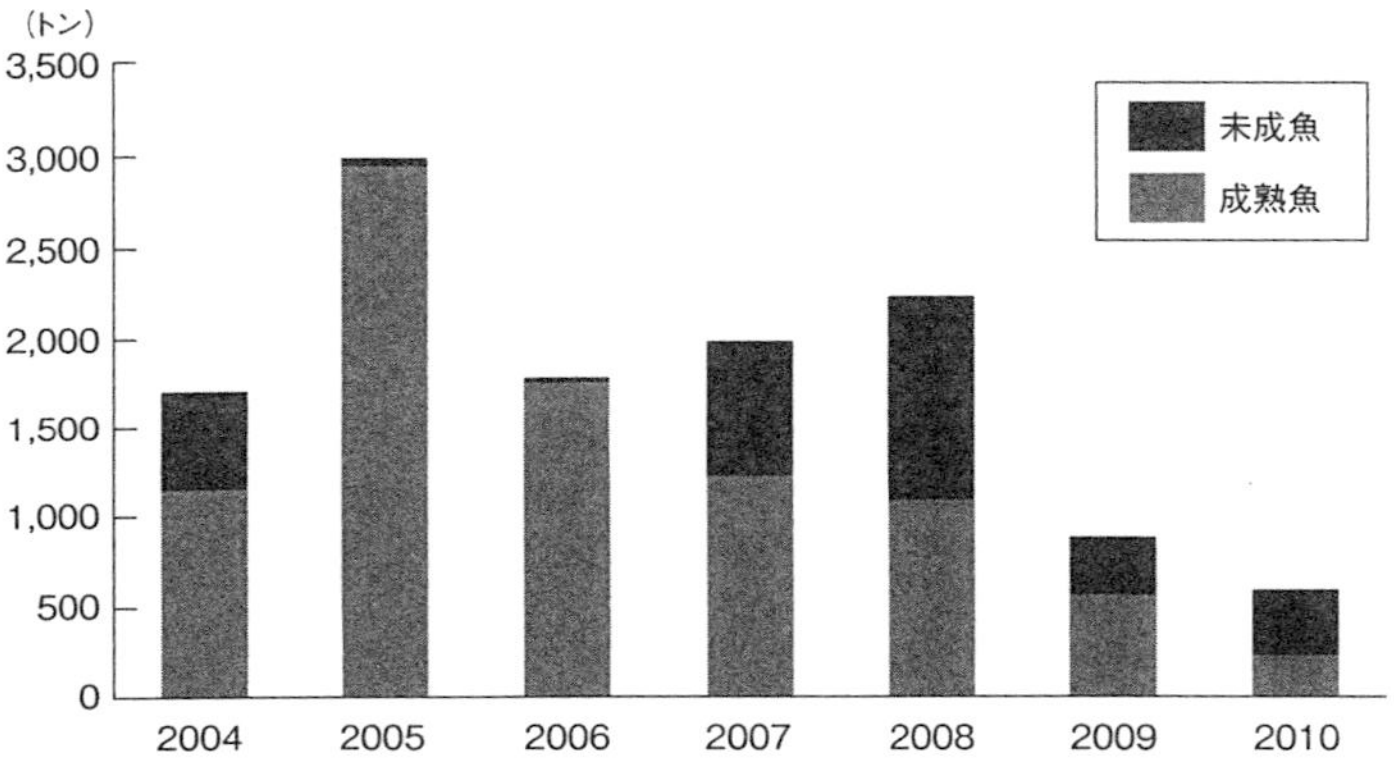

出典：境港市水産課のデータをもとに作成。2008年以降の成熟・未成熟の割合は筆者の聞き取り調査

加わる群れを獲っているのです。

クロマグロは年によって、卵の生き残りが大きく変動することが知られています。特定の年齢の個体が多いか少ないかは、卵の生き残りに大きく依存します。産卵群は、数十年分の親魚がストックされているので、ある年に卵の生き残りが悪くても、産卵群は大きく減りません。食物連鎖の最上位に存在し、寿命が長いクロマグロの産卵群が直線的に減少するのは、自然現象ではなく、漁獲が原因と見るのが自然でしょう。

クロマグロ漁業には、漁獲枠も、禁漁期も、禁漁区もありません。早い者勝ちの獲りたい放題です。十分な産卵群が維持できるような規制が必要です。

乱獲が国境問題を引き起こす

日本と韓国・中国の間には数多くの離島が存在します。離島が無人島であれば、漁船や移民を送り込んで、実効支配をすることも可能です。無人島を維持するには、政治力や軍事力など様々なコストがかかります。

もし、離島に大勢の日本人が生活しているなら、日本の領土であることは誰の目にも明らかです。軍事的に侵略すれば国際社会の非難を浴びるし、移民を送り込んで乗っ取ることもできません。離島に人が住むには、産業が必要です。離島の基幹産業である漁業を守ることは、日本の領土を守るうえで重要なのです。

長崎沖の離島である壱岐《いき》の勝本漁協は、資源を持続的に利用するために、自分の漁場での網漁具の使用を禁止してきました。その結果、クロマグロをはじめとする豊富な資源に恵まれ、大勢の組合員が釣り漁業で生計を立てています。

しかし巻き網船団がクロマグロ産卵場での操業を開始したあと、クロマグロの漁獲が直線的に減少しています。二〇〇九年から、巻き網船団は産卵場に南下する前の未成魚を狙った操業を活発化しており、このままだと大型個体を狙っていた離島の一本釣り漁業が成り立たなくなるのは時間の問題です。韓国との国境である対馬でも沿岸三海里まで大型巻き網船が入って操業をしており、沿岸漁業の衰退を招いています。

このまま日本海の離島の過疎化が進めば、近い将来、国防上の問題に発展しかねません。筆者は、効率的な巻き網漁法が、今後も日本漁業の中核を担っていくべきだと考えています。巻き網漁法を許可する以上、資源管理をきちんとして、沿岸漁業と共存できるようにするのが国の責任です。

クロマグロ未成魚の乱獲

クロマグロ漁業の問題は、産卵群への無規制漁獲ばかりではありません。カツオぐらいの大きさの未成魚が大量に漁獲されているのです。日本のクロマグロの漁獲量を年齢別に表すと次のようになります（図8-4）。

漁獲の大半は、〇歳、一歳で占められています。マグロが卵を持つのは、三〇キログラム後半（四～五歳）からです。つまり、日本のクロマグロのほとんどが、未成熟のうちに漁獲されているのです。ちなみに地中海では、三〇キログラム以下のクロマグロの漁獲を禁止しています。未成熟のクロマグロを無秩序に漁獲しているのは、太平洋クロマグロの

図8-4　太平洋クロマグロの漁獲の年齢組成

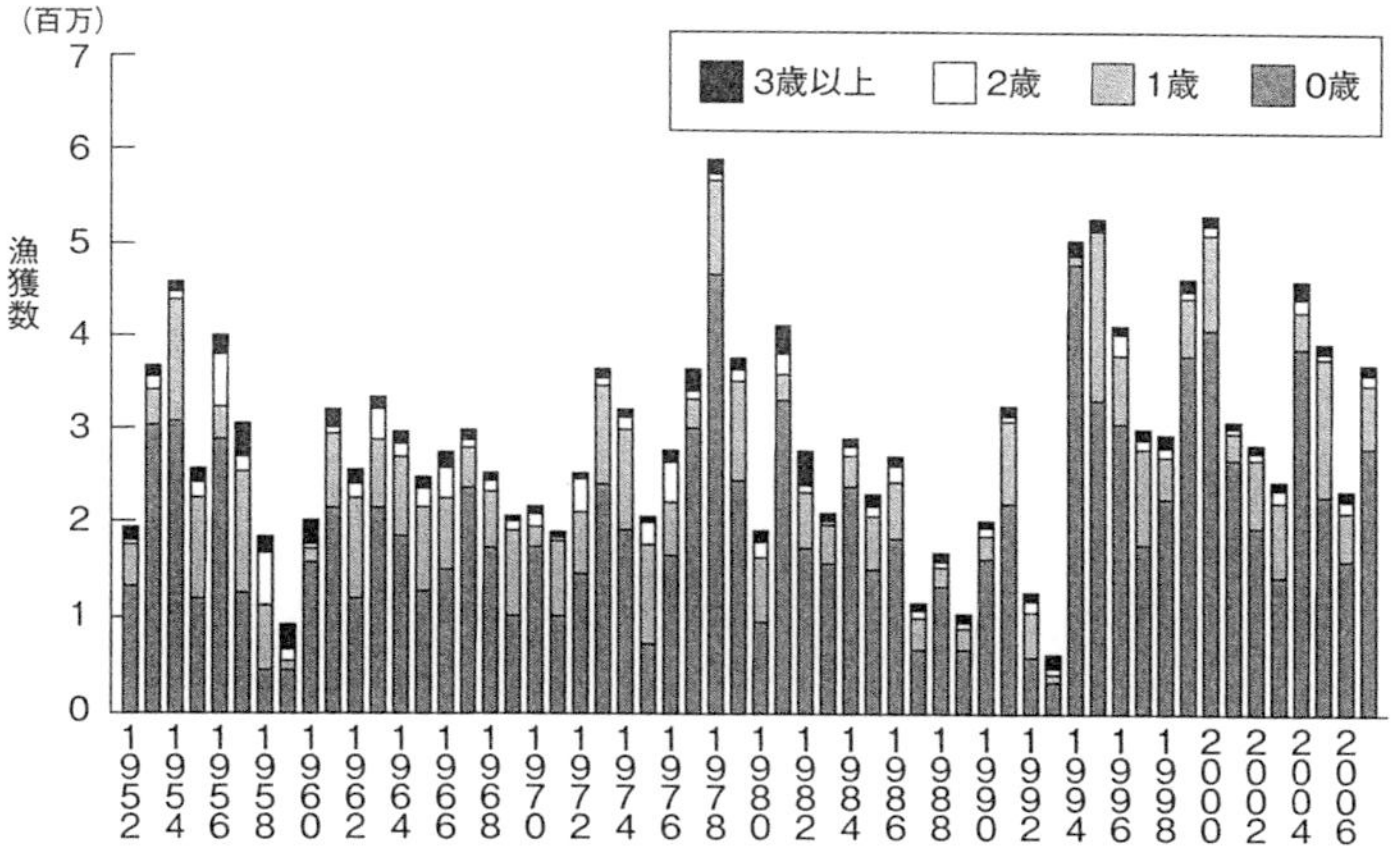

出典：水産総合研究センター「国際漁業資源の現況」（http://kokushi.job.affrc.go.jp/H22/H22_04.html）をもとに作成

みです。

〇歳、一歳の太平洋クロマグロが、これほど漁獲されているというのは意外でした。調べてみると、獲っているのも食べているのも、ほとんどが日本人です。〇歳から一歳のクロマグロ（五〇〇グラム～三キログラム程度）は、関東ではメジマグロ、関西ではヨコワと呼ばれています。春から夏に産卵をするクロマグロは、産卵期の前後は身から脂が抜けて味が劣化します。ヨコワは未成熟なので、夏の品質劣化がありません。これまでヨコワは、成魚が夏枯れになる時期に、西日本を中心に消費されてきましたが、最近では全国の量販店で見かけるようになりました。

未成魚乱獲の経済損失

未成魚の漁獲は、魚の産卵の機会を奪い、資源の再生産に悪影響を与えます。価値が出る前の魚を獲るのは、経済的に見ても不合理です。クロマグロの小型魚の漁獲によって、漁業の長期的な利益がどの程度失われたかを試算してみましょう。

太平洋クロマグロの生態の研究自体が少ないうえに、日本は情報公開が遅れているので、いくつかの重要なパラメータがありません。仕方がないので、情報公開が進んだ大西洋クロマグロの自然死亡率を使って計算をしました。

市場統計によると、二〇〇四〜二〇〇八年の間に、日本の市場を流通したヨコワは、平均で年間四八五六トン、生産金額の平均は二七億円でした。ヨコワの体重を仮に三キログラムとすると、漁獲した個体数は約一六二万尾になります。もしヨコワを獲らずに、六年後に大きくしてから、一本釣りで獲ったらどうなるかを考えてみましょう。

自然死亡で、個体数は四七万本（普通の魚の固体数は「〜尾」と数えますが、大型のマグロの個体数は「〜本」と数えるのが水産業界の慣例です）に減少するのですが、個体の体重は九七キログラムに増えます。漁獲量は四万五五九〇トンと約一〇倍に増えます。また、一キログラムあたりの単価も大きなクロマグロはヨコワとは桁違いですから、生産金額は二二八〇億円になります（図8-5）。六年待つだけで、漁獲量は一〇倍、生産金額

図8-5　ヨコワを大きくしてから獲ると大きな利益が期待できる

	ヨコワ（1歳）	マグロ（7歳）
漁獲数	162万尾	47万本
体重	3kg	97kg
漁獲量	4,856トン	4万5,590トン
単価	550円/kg	5,000円/kg
生産金額	27億円	2,280億円

は一〇〇倍近く増えるのです。

ざっくりとした計算ですが、目先の小さな利益のために、将来の大きな利益の芽を摘んでいることは明らかです。このように過度の漁獲圧によって、魚本来の価値が出る前に獲り尽くしてしまうことを、「成長乱獲」と呼んでいます。現在、日本のクロマグロ需要は、四万トン前後で安定しています。未成魚の乱獲をやめれば、大西洋クロマグロの輸入が途絶えても、今の消費水準は十分に支えられるのです。

養殖は天然の代替にはならない

日本国内では、天然マグロ枯渇の救世主として、マグロ養殖への期待が高まっています。地中海のクロマグロ畜養は、一〇〇キログラムを超える大型の成熟個体を捕獲して半年間畜養するのに対して、日本の養殖は、より小型の稚魚を捕獲して長期間飼育をするのが特徴です。

日本では、天然マグロの減少を補う切り札として、卵から育てる完全養殖への期待が高まっています。近畿大学のベンチャー企業である株式会社アーマリン近大は、すでに人工種苗ヨコワを出荷しており、「近畿大学卒業証書つきの養殖マグロ」として話題になりました。完全養殖の技術は現在も開発途上であり、採算をとったうえで安定供給を期待できる水準には達していません。

「卵からヨコワまでの通算生残率はいまだ一パーセント弱であり、マダイの五〇~八〇パーセントには遠く及ばない。成魚の大きさが異なるため、マダイより種苗の需要尾数は少ないことを考慮しても、コスト面から安定した産業化を実現するためには、前述の問題点をさらに改善し一〇パーセント程度には引き上げる必要があろう」(宮下盛・岡田貴彦「種苗確保をどうするか? 人工種苗の生産動向と今後の課題」月刊『養殖』二〇一〇年四月号)ということです。完全養殖で日本のクロマグロ養殖産業を支えるのは難しく、あと五~一〇年程度は天然種苗が主流の養殖が続きそうです。

現在は、日本で養殖されるクロマグロ種苗のほとんどが天然由来です。クロマグロの養殖ブームを反映し、イケスに入れた種苗の尾数（活込尾数）は二〇〇五年の二一万尾から、二〇〇八年の四三万尾へと倍増しました。しかし、二〇〇九年は十分なヨコワが確保できず、日本全国での活込尾数は二〇万尾程度にとどまったと見られています（『みなと新聞』二〇一〇年四月一九日）。大手資本の参入で、国内の生産設備は飛躍的に増加していますが、種苗の確保がネックになりそうです。漁獲規制によって天然の産卵群を維持しなければ、マグロ養殖は、拡大はおろか現状維持も難しいでしょう。

二〇一〇年の畜養クロマグロの日本の生産量は、約一万トンと見積もられています。クロマグロの養殖には、ブリやタイよりも大きなイケスが必要になります。水温が下がると成長が悪くなるので、経営が成り立つのは温暖な海域の内湾部に限られます。国内のクロマグロ養殖適地のほとんどは、すでにクロマグロの養殖に使われているので、現在の生産量からの大幅な上積みは期待できません。日本国内のクロマグロの需要は四万トン程度ですから、これを養殖でまかなうのは難しいでしょう。

餌の確保も頭の痛い問題です。第一章でも述べたように、養殖クロマグロを一キログラム生産するのに、餌となる生魚が一五キログラムも必要になります。餌は、一尾一五〇グラム程度の小サバが主流です。一万トンのクロマグロを生産するのに、一五万トンの小サバが消費されたことになります。これは日本の海面漁業生産の約四パーセントに相当します。クロマグロにそこまでの価値があるかは、疑問です。

当時者を巻き込む

クロマグロの漁獲状況を調べてみると、予想以上にひどい状況であることがわかってきました。日本のクロマグロ漁業は、未成魚の乱獲と産卵群の乱獲という二つの問題を抱えています。天然資源をないがしろにして養殖を推進しても、根本的な問題が解決するとは思えません。逆に、資源管理をして大型個体中心の漁獲に切り替えれば、漁業全体の利益を何十倍にも伸ばす可能性があるのです。実にもったいない話です。

筆者は、当事者が不在のなかで、水産庁と空虚な論戦を続けることに疑問を感じていました。そこで、戦略を変えて、漁業者と納税者に直接働きかけることにしました。「資源管理をしないと、漁業と食卓はこの先どうなるのか」と「もし、適切な管理をすると未来はどういうふうに変わるのか」ということを、これまで情報を与えられていなかった人たちに地道に訴えていくことにしたのです。

筆者は、きちんと親魚を残したうえで値段がつく獲り方をすることで、漁業を持続的に高い利益を上げられるような産業に改革したいと考えています。これは、漁業関係者にとっても悪い話ではありません。しっかり説明すれば、当事者の賛同は得られるはずです。

漁業者を巻き込む

佐々木さんの弟子の一本釣り漁師からも詳しい話を聞きました。自分と同じぐらいの年齢の漁師たちが、船の借金を抱えて、子供と一緒に路頭に迷うところは見たくありません。「とにかく、できるだけのことはしよう」と思いました。まず、佐々木さんの弟子の若手漁業者たちを相手に、資源管理の勉強会を開きました。現在の漁業では長期的に資源が成り立たないこと、資源管理よって漁業が利益を生む産業に生まれ変わることを説明しました。若手漁業者からは、「自分たちも小型魚の漁獲を我慢することになるかもしれないが、それでも資源管理をやるべきだ」という前向きな意見が出てきました。

その一カ月後の二〇〇八年一一月に、一本釣り漁業者から、地元の政治家にクロマグロの漁獲規制をするように陳情するので手伝ってほしいという相談がありました。日本では、漁業者自らが漁獲規制を要求するのは珍しい話です。筆者としても、持続的な漁業のための陳情であれば、断る理由はありません。

地元の政治家というのは、山田正彦農林水産副大臣（当時）でした。筆者は、資源管理によって漁業全体の利益を大きく伸ばす余地があることを説明したうえで、「大臣許可漁業の乱獲を止めなければ、この島の一本釣り漁業者は皆失業してしまう。島の漁業を救ってください」と訴えました。副大臣は、その場で「わかった。何とかしましょう」と言ってくれました。筆者は、「検討しましょう」と言われて、そのままうやむやになる可能性が高いとなかばあきらめていたので、その場で約束をする政治家がいることに驚きました。

その一カ月後に、農林水産省の副大臣室で、クロマグロの漁獲規制に関するミーティングが行われました。参加したのは、山田副大臣、水産庁幹部、クロマグロ一本釣り関係者、および筆者です。このミーティングでは、どのようにしてクロマグロ漁業の全体の利益を増やすかについて、前向きな議論ができました。筆者は「クロマグロ漁業は獲り方次第でパイが大きくなる。どう分けてもみんながウィン - ウィンになる画は描ける」と説明しました。翌年五月に水産庁から出てきたのが、「「太平洋クロマグロの管理強化についての対応」について」[1]です。

この強化案は、大中巻き網への個別漁獲割当の導入や産卵場の禁漁区などが盛り込まれており、我々の提案に近い内容です。山田副大臣の政治主導の成果と言えるでしょう。マグロ消費国として、日本の責任を問う海外の声が強まっていることも、追い風になったのかもしれません。

市場関係者を巻き込む

筆者は、クロマグロ未成魚（ヨコワ）を漁獲することで具体的にいくら損をしているかを試算し、業界紙など様々な場所で情報発信をしました。具体的な金額を出すことで、漁業者および流通業者に問題意識を持ってもらうためです。築地などの魚市場で働く人たちの生活は、市場の売り上げの五パーセントの手数料で成り立っています。乱獲によって全体の売り上げが減れば、彼らの収入もそれだけ減ることになります。市場関係者もまた、未成魚乱獲の直接的な被害者なのです。

しばらくすると、築地のマグロを扱っている仲卸から、規制を求める声が上がり始めました。二〇一〇年五月に全国水産物卸組合連合会など五団体が、大型巻き網船によるマグロ乱獲行為の防止などを求めた署名を集めて、山田正彦農林水産大臣（当時）に陳情をしました。水産資源保護を目的に全国の仲卸業者が国に陳情するのは、国内では初めてということです。クロマグロの未成魚と産卵魚の乱獲防止に賛同する出荷業者、卸・流通関係者から集めた四万人分の署名を提出しました。

マグロ一本釣り漁業者や、築地の仲卸のようなマグロのプロが声を上げたことで、メディアもこの問題を取り上げてくれるようになりました。筆者にとっても、漁業者や流通業者の賛同を得られたことは大きな自信になりました。生半可な知識で、生活がかかったプロを説得するのは不可能です。彼らの実感に合わない数字や、いい加減な結論を提示すれば、「大学の先生は何も知らない」と鼻で笑われて、かえって信用を失ってしまいます。逆に、彼らの実感にあった、現実的な話をすれば、必ず真剣に聞いてくれます。そして、漁業全体の利益を増やすという目的が共有できれば、情報提供など様々な支援をしてくれます。

筆者と漁業者や流通業者は、先生と生徒のような関係ではありません。漁業を持続的で利益が出る産業にするという共通の目的を持った仲間です。業界で生計を立てている専門知識を持ったプロからは、筆者が勉強させてもらうことのほうが圧倒的に多いぐらいです。その一方で、筆者の専門の水産資源管理の重要性については、きちんと説明したうえで、ときには厳しいことも言わなければなりません。共通の目的と信頼関係があれば、多少厳しいことを言ったぐらいで人は離れていきません。逆に、「俺もそう思う」と言ってくれる人がほとんどです。現場との信頼関係は何にも代えがたい財産です。

消費者・納税者を取り込むこと

消費者・納税者もまた、重要な当事者です。日本の消費者・納税者は、クロマグロの乱獲を理解したうえで現状を容認しているのではありません。乱獲の事実を知らされていないのです。消費者・納税者にも漁業の現状を知ってもらい、声を上げてもらう必要があります。

指をくわえて待っていても、世の中は変わらないので、筆者自らが消費者教育に乗り出しました。インターネットでの情報公開に加えて、生協や消費者団体を対象にした勉強会も積極的に行っています。もともと食べることや食の安全には関心が高い消費者が対象ですから、筆者にとっても話し甲斐があります。一般向けの講演では、学会発表とは別次元の話術が要求されるので、最初は戸惑うこともありました。当初は、「難しい」「堅い」という評価が多かったのですが、場数を踏むうちにコツがつかめてきました。

現在も、生協の広報誌や料理雑誌などで、積極的に情報発信をしています。消費者に直接情報発信をしてきた経験から、「日本の消費者の持続性への意識は低くない」と自信を持って言うことができます。また、おばちゃんのパワーはすさまじいものがあり、日本の閉塞的な状況を打破するポテンシャルを秘めているような気がします。

成果と限界

「太平洋クロマグロの資源管理に関する全国会議」が、二〇一一年三月一四日に予定されていました。ここでクロマグロの漁獲枠についての議論も行われるはずでした。しかし、東日本大震災とそれに続く原発災害で、会議は宙に浮いてしまいました。結局、何の議論もされないまま、産卵親魚二〇〇〇トンという、現状を追認するような過剰な漁獲枠が設定されてしまいました。残念ながら、クロマグロの漁獲規制は十分とは言えません。いつ手遅れになるかわからない状況は、現在も継続中です。

内閣改造で、漁獲規制に前向きだった山田農水大臣が交代してしまったことも、大きな逆風でした。政治が不安定なら政治的なリーダーシップも発揮しえません。政治の不安定は、見えないところで確実に悪影響を与えています。

今後の展開に希望が持てる部分もありました。一番の成果は漁獲枠が導入された点でしょう。現在の漁獲枠は過剰ですから、生物の持続性を担保できる水準まで、漁獲枠を減らすべきです。漁獲統計さえ得られれば、漁獲枠の妥当性についてサイエンスの土俵で議論を進めることができます。詳細な漁獲統計を公開したうえで、漁獲枠の妥当性を示すように、今後も働きかけることになります。

一本釣り漁業者や市場関係者の間で、持続的漁業への世論が高まった点は、大きな前進です。クロマグロの資源管理に向けた変化を生み出す原動力は、なんといっても当事者の声です。これまで筆者は何年も、水産庁に直接働きかけてきましたが、影響力はほとんどありませんでした。漁業者や流通業者から規制を求める声が上がれば、社会的に大きな影響力を発揮することができます。

漁業者と流通業者が、自ら声を上げるところまで進みました。一方、消費者・納税者については十分な情報提供ができなかったという反省点もあります。消費者・納税者との接点を築くには、多くの時間とエネルギーが必要になります。個人ベースの活動では、どうしてもハードルが高いというのが実感です。

意思決定モデル

クロマグロの資源管理は一歩前進しました。十分とは言えないけれども、大きな一歩です。これまで当事者不在で進められてきた意思決定に、漁業者・流通業者などの当事者が参加したことで変化が生まれたのです。

意思決定の構造がどう変わったかを、簡単なモデルで整理します（図8-6）。これまで筆者は、主にメディアを使って政策を批判することで、漁業政策を変えるように働きかけてきました（モデル1）。しかし水産庁は、身内で固めた審議会に現状擁護をさせるだけで、漁業の問題を解決しようとはしませんでした。その間にも漁業の状況は悪くなる一方です。

クロマグロのケースでは、筆者は行政ではなく、当事者に働きかけることにしました（モデル2）。直接、消費者、漁業者、流通業者に、現在の漁業政策の問題点と解決策を訴え

図8-6　意思決定モデル

モデル1 これまでのやり方
研究者が直接水産庁と対話
（機能せず）

モデル2 クロマグロのケース
研究者は当事者（消費者・漁業者・流通業者）に働きかける
（一部機能。しかし研究者の負担が大きい）

モデル3 これから目指すべき方向
データ収集，政策立案ができる研究NGOを作り
当事者に働きかける

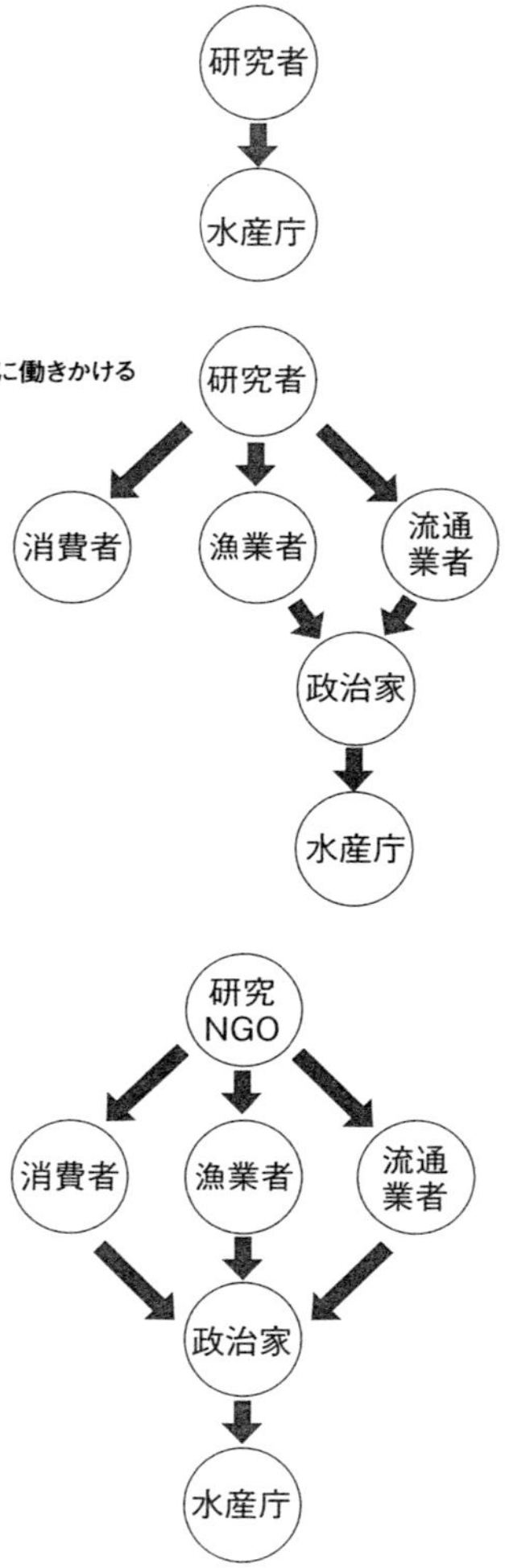

たのです。生活がかかっている漁業者と流通業者から声が上がったことで、政治家が動き、水産庁も前向きに対応してくれました。現場の声が、社会を動かす力になるのです。

研究者が現場とコミュニケーションをとるという方向性は見えてきたのですが、問題もあります。研究者個人で、消費者、漁業者、流通業者と直接コミュニケーションをとるのは、並大抵ではない労力が必要になるのです。日常業務の合間に、個人でできる仕事量ではありません。

ではどうすればよいかを考えたのが、モデル3です。個人では無理な仕事なら、そのための組織を作る必要があります。大学の教員の片手間のボランティアではなく、専門知識を持った専任スタッフであるべきです。政策立案のための研究NGOを立ち上げて、情報収集・情報発信を行うことで、問題は解決します。

国から独立した政策立案組織が必要

クロマグロの漁獲規制を作るために筆者が行った作業の流れを、図8-7に示しました。まず、公的機関の公開情報や個人的なツテを使って、情報を集めます。そして、その情報を分析して、政策を設計しました。それをベースに、政治家に政策提言をしたり、業界や

図8-7　研究NGOがやるべき仕事

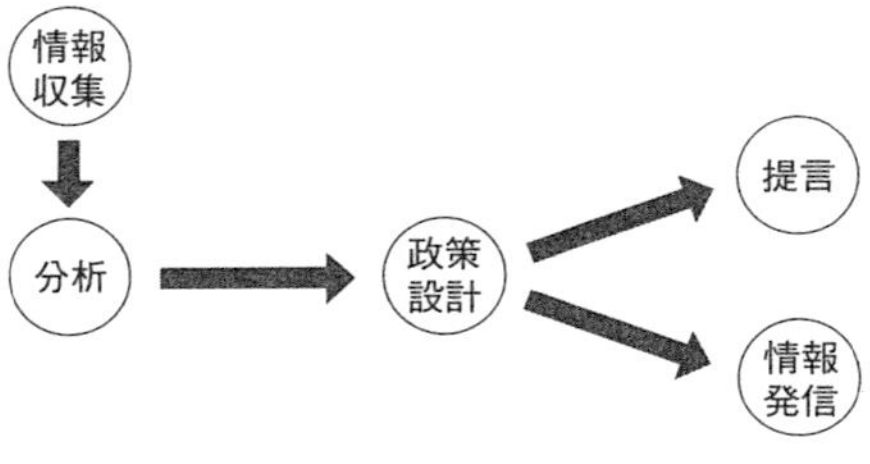

消費者に情報発信をしたりしました。

情報収集には人脈が必要です。分析と政策設計は専門的な知識が不可欠です。提言・情報公開には情報発信力が要求されます。これらの能力を個人で備えている人材は限られています。そのうえ、これらの作業には時間や人手が必要になります。筆者のような地方国立大学の准教授には、お金も、時間も、人手もありません。個人のボランティアでできる活動には自ずと限界があります。これらのプロセスを自力で行えるNGOを作ることで、漁業政策に大きな前進をもたらすことができるでしょう。

消費者・納税者を啓蒙して漁業を改革していくには、行政機関とは独立した政策作成組織が必要です。欧米では、環境NGOがその役割を果たしています。環境NGOが雇った研究者集団が国の政策の妥当性を検証し、必要があれば批判をします。研究者の資金源は環境NGOの寄付金ですから、国家権力や業界の意向を気にせずに活動できます。

日本では、専門的な知識を持って国の漁業政策の問題点を指摘して、対案を出すことができるレベルの環境NGOは存在しません。漁業者も流通業者も、現状に不満があっても、国家の決定をそのまま受け入れる以外の選択肢がなかったのです。消費者に至っては、問題すら知らされていませんでした。こういった状況を打開するためにも、国民のために政策の妥当性を判断できる専門家集団が必要とされています。

日本では、環境NGOは漁業の敵と見なされがちですが、そうではありません。実際に、ノルウェー、ニュージーランドなど漁業が伸びている国は、例外なく保護団体が強いのです。これらの国では、漁業は常に環境NGOからの批判にさらされており、持続性に対する配慮を求められます。その結果として、水産資源は良好な状態に保たれ、漁業が高い利益を上げているのです。

批判だけでなく、対案と応援も忘れずに！

日本の漁業を改革するには、現状の批判を避けて通ることはできません。しかし、批判するだけでは何も進みません。常に批判とセットで、対案を示す必要があります。さらに、対案を出すだけではなく、価値観を共有できる漁業者、加工・流通業者、行政官、政治家

図 8-8　MSC エコラベル

との連携も必要になってきます。

従来の環境ＮＧＯは、環境を破壊する漁業を一方的に批判してきました。「正義の味方環境ＮＧＯが、環境を破壊する悪い漁業を退治する」という論調です。日本ではあまり知られていませんが、海外では、水産業にポジティブな変化を及ぼすために、業界に対して歩み寄る新しいタイプの環境ＮＧＯが増えています。業界と環境ＮＧＯのコラボレーションの一例が、海洋管理協議会（MSC, Marine Stewardship Council）のエコラベルです（図8-8）。

一般消費者には、乱獲された水産物と持続的に漁獲された水産物の区別がつきません。価格だけで選べば、乱獲された水産物のほうが有利になってしまいます。消費者の力で持続的な水産物を勝ち組にするために考案されたのが、ＭＳＣエコラベルなのです。厳正な審査を行い、持続的な漁業で漁獲された製品のみにエコラベルを貼ることができます。消費者は、ＭＳＣエコラベルの貼られた製品を買うことで、持続的な漁業を応援できるという仕組みです。

MSCエコラベルは、ヨーロッパではすでにポピュラーな存在であり、消費者の後押しによって、MSC認証がない水産物を扱わない小売店・レストランも増えています。二〇一一年六月には、MSCエコラベルつきの水産物製品数の世界での総計が、一万アイテムに到達しました。日本でも、京都府機船底曳網漁業連合会のズワイガニ・アカガレイ漁業と、土佐鰹水産グループのカツオ一本釣り漁業が、MSCの認証を取得しています。

MSCエコラベルは、持続的な漁業を応援し、新たなビジネスチャンスを作りました。環境NGOと水産業界はウィン‐ウィンの関係を築けるのです。欧米では、MSCの成功が大きな追い風になり、水産業界と環境NGOの協力関係が強化されつつあります。水産業界と環境NGOが共同で、シーフードサミットという会合を、毎年開催しています。シーフードサミットは、水産業界と保全コミュニティーの代表が一堂に会して、水産市場を環境的・社会的・経済的に持続的にするための議論を行う会です。九回目となる二〇一一年は、カナダのバンクーバーで開催されました。筆者もアメリカの環境NGOに招待されて、講演をしました。

シーフードサミットの会場について驚いたのは、規模の大きさです。参加者は七〇〇人。ヨーロッパ、北米、南米など、世界中から集まってきた人々が、熱い議論を繰り広げました（**図8-9**）。会場には、アジア系の人間はほとんどいませんでした。中国人を少し見か

図 8-9　シーフードサミットの熱気を帯びた会場

けたぐらいで、残念なことに日本人は筆者だけでした。日本が資源管理ができない理由を並べて、駄々をこねている間にも、世界の漁業は前に進んでいるのだから、その差は広がる一方です。

シーフードサミットでの議題は多岐にわたります。ほんの一例を挙げると、以下のようなものがあります。

- 持続的な魚食を普及させるために、シェフや鮮魚店が果たすべき役割
- 海洋の酸性化
- フェアトレード
- トレーサビリティーの確立
- サーモンの養殖の環境負荷
- 水産物の持続性に対して政府が果たすべき役割

・持続的な漁業への投資
・違法漁業への対応
・大西洋クロマグロのブラックマーケット

海外では、漁業を持続的にしていくという共通の目的のもとで、水産業界と環境NGOが建設的な関係を築きつつあります。とはいっても、数十年前までは完全に水と油の関係だった両者の間には、今でもしこりは残っています。「環境とビジネスの両立」は、シーフードサミット参加者の共通認識ですが、軸足が環境にある環境NGOと、軸足がビジネスにある漁業会社の価値観は一枚岩ではありません（だからこそ、対話が重要！）。シーフードサミット主催者は、水産企業と環境NGOが、価値観の違いを乗り越えて建設的な議論を行うために、「対話のガイドライン」を策定しています。ガイドラインは大きなパネルに表示され、すべての会場の目につくところに展示されていました。とてもよい内容だと思います。

対話のガイドライン
●「相手」ではなく、「問題」に対して厳しい態度で望むこと
●非難するのではなく、解決策を探ること

●発言権を独占しない
●一度に一人ずつ発言しましょう
●同意できないとしても、お互いの価値観を尊重しましょう
●セッション中は携帯電話を鳴らさないこと
●話す前に自己紹介をしてください
●はっきりと部屋全体に話しかけてください
●コメントと質問は、簡潔で平易な表現で

筆者は、日本でも、持続的な漁業を消費者として応援する運動を育てたいと思っています。その目的は、これまでの漁業を否定することではなく、より生産的・持続的な漁業を育てることです。目的を明確にしたうえで、きちんと対案を示していけば、漁業者、加工・流通業者、消費者、政治家の理解は必ず得られます。

注

（1） http://www.jfa.maff.go.jp/j/press/kokusai/100511.html

あとがき

この本の執筆には三年かかりました。何とか書き終えることができて、ほっとしています。執筆をしている間にも、クロマグロの規制、新潟の漁業管理、東日本大震災からの復興など、事態は大きく動きました。様々な取り組みが現在も進行中です。日本漁業の現場は、今まさに変わり始めている。その変化の兆しを感じていただければ幸いです。

かれこれ一〇年近く、漁業の改革に携わってきました。その間にも日本の漁業は確実に衰退しています。筆者が初めて築地市場を見学したのは、バブルの余熱が残る一九九〇年代でした。狭い通路をターレ（電動車）が縦横無尽に走り回り、よそ見をしていたら轢かれてしまいそうでした。活気に溢れた危険な場所という印象が強く残っています。その築地も、今では閑散として、平日の朝でも安心して歩くことができます。あの活気を何とかして取り戻したいと思います。

改革に関わり始めた当初は、資源管理の導入はそれほど難しい話だとは思っていませんでした。乱獲を抑制することは、漁業者にとっても消費者にとっても利益があります。そのうえ、海外には資源管理によって漁業を立て直した前例がいくらでもあるのだから、きちんと説明をすれば、簡単に理解は得られると考えたのです。しかし世の中はそれほど単純ではありませんでした。現状を変えることに対する抵抗感、複雑に絡み合った利害関係、長年にわたるしがらみなど、様々な壁が立ちはだかりました。

今の漁業は、入口も出口もふさがれた状態です。漁業者同士の魚の奪い合いによって、獲れる魚の量もサイズも少なくなっています。漁獲量が減れば、その分値段を上げなければならないのですが、魚は安くなる一方です。スーパーマーケットの特売のチラシには、まだ水揚げされていない魚の値段が書かれています。購買力を持った大手スーパーがあらかじめ価格を決めているのです。小売店の利益と流通業者のマージンを抜くと、漁師の取り分は雀の涙。魚価が安いなかで漁業経営を成り立たせるためには、獲れる魚を根こそぎ獲るしかない。結果として、漁業者は自分で自分の首を絞めるような状況になっています。補助金で目先の不満をそらすのではなく、この構図に風穴を開けなければ、漁業に未来はありません。

漁業の衰退は漁業者自身にも責任があります。日本では、「漁業者は海と向き合っていればそれでよい」という風潮が根強く残っています。たしかに戦後の一時期には、漁業者は海と向き合っていればそれでよい時代があったのは事実です。高度経済成長期には、資源も今よりは豊富で、魚の値段は自然に上がりました。が、しかし、そうしたよい時代は終わってしまいました。

どんな産業であろうと、その産業を取り巻く状況の変化に対応しなければならないのは、当たり前の話です。一次産業のみが変化に対応しないというのは、おかしな考えです。これまでの「獲って、獲って、獲りまくるだけの漁業」から、「ちゃんと資源を残したうえで、限りある漁獲を高く売る漁業」へと、産業のあり方を変えなければならない。そのために必要な政策は本文ですでに論じました。

後継ぎがいない高齢漁業者の多くは、補助金行政を支持して、変化に強硬に反対します。長年にわたり、問題を見て見ぬふりをして先延ばしをしてきたので、先延ばし体質が、すっかり体に染みついています。変化に反対する人間は、対案を出しません。自らが退任するまでの数年間、現在の枠組みが維持できればそれで満足であり、その先がどうなろうと、あとは野となれ山となれと思っているのでしょう。

補助金づけの漁業者は都合のよい票田になり、納税者は漁業の現実を知らされないまま、構造的な問題は先送りされ、公的資金でその場しのぎが続けられてきました。これでは漁業が衰退するのは当たり前です。「漁業を守る」とか、「食卓を守る」という大義名分で、すでに破綻している現在の枠組みを延命し、結果として漁業を衰退させているのだから、税金で漁業を破壊しているようなものです。

最近よく質問されるのは、なぜ研究者である筆者が漁業改革をするのか？　ということです。漁業の改革に携わったところで、研究者としての業績にはなりません。それどころか、いくつかの既得権勢力を刺激してしまいます。大学で出世をしたければ、そんな無駄なことをしている時間はありません。現に、水産学会は会員が三〇〇〇人もいますが、漁業改革に積極的に関与しているのは筆者ぐらいです。

筆者は、東京生まれの、サラリーマンの息子であり、漁業に対する強い思い入れが最初からあったわけではありません。漁業改革をしようと思ったのは、魚が大好きな子供のためです。筆者の子供は、魚が大好きです。魚を美味しそうに食べる子供を見ながら、「彼らが大人になる頃には、日本の漁業はなくなっているだろうな」と漠然と考えていました。次の瞬間、自分のあまりの無責任さに愕然としました。子の代、孫の代まで、美味しい日本の海の幸の恵みを享受できるようにするのが大人のつとめです。水産資源の専門家である自分が、子供たちの食卓が破壊されるのを指をくわえて眺めているわけにはいかないと考えました。

漁業の改革を始めてから、筆者の周辺は一変しました。事なかれ主義的な人々がいつの間にか姿を消すと同時に、現状を変えようという前向きな人たちが集まってきました。漁業者、加工・流通業者、小売業者、組合職員、行政官など、立場は違えども、日本漁業の未来への思いは同じです。大勢の仲間に支えられて、今日まで改革に取り組むことができました。人と人とのつながりこそが最大の財産であり、これからも漁業改革を続けていく理由です。

東日本大震災による津波、さらには放射能汚染が、三陸の漁業に大きな打撃を与えました。三陸の漁業は、震災前から衰退傾向にありました。漁業の復興は、復旧と改革を同時に行わなければならない、きわめて難しい状況に追い込まれています。漁業をどのようにするかという産業政策を欠いたまま、漁港などのインフラ整備のみが先行しています。漁業の生産性を高めるための議論をしてこなかったのだから、いざというときに知恵がでないのは仕方がないのですが、バブル期に拡大した立派な漁港をすべて元通りにしたところで、インフラの復旧が終わった頃には、漁業者はいなくなっているでしょう。一〇年先がない状態に、五年かけて戻っても仕方がありません。これまでどうだったかではなく、これからどうすべきかを議論しなくてはならないのです。

筆者は、被災漁業者と一緒に、漁業の生産性を高めるための様々な活動を始めました。二〇一二年一月二二日に、岩手県の山田町で岩手県漁民組合の結成総会が開催されました。問題意識のある漁民が立ち上がって、既存の農民組合と連携して、より自由な経済活動を推進しようというのです。筆者は総会に招かれて、漁業改革の重要性を講演しました。このあとがきは、岩手で講演した帰りの新幹線で執筆しています。

非被災地でも変化の兆しはあります。新潟県の泉田裕彦知事が、地元の漁業の衰退を食い止めるために、県の主導で個別漁獲枠方式による資源管理を始めました。筆者は、検討委員および作業部会長として関わってきました。最初の説明会では、漁業者全員が個別漁獲枠方式の導入に反対しました。しかし、一年間かけて資源管理が漁業経営に貢献することを説明したところ、最終的にはすべての漁業者が資源管理に合意をしました。現在、一部の漁区に試験的に個別漁獲枠方式を導入しています。船ごとに漁獲枠を配分して操業をしているのですが、とくに混乱もなく、漁業者からは「かえって様々な調整がやりやすくなった」という声も上がっています。

漁業の改革は、研究者のみでできることではありません。漁業を変えられるのは、当事者である漁業者です。前に進もうという漁業者と二人三脚で、漁業の現場から、新しい日本漁業のあり方を提案していくつもりです。

二〇一二年一月

勝川 俊雄

著者紹介

勝川俊雄（かつかわ・としお）

一九七二年東京都生まれ。三重大学生物資源学部准教授。専門は水産資源管理と水産資源解析。東京大学大学院農学生命科学研究科にて博士号取得。東京大学海洋研究所助教を経て現職。水産資源を持続的に利用するための資源管理の理論的な研究で、日本水産学会論文賞および日本水産学会奨励賞を受賞。研究のかたわら、政策提言のほか、漁業者や消費者とともに、持続可能な水産資源管理や、漁業の制度改革に向けた活動を行っている。宮城県・岩手県の漁業者と共同で、被災地漁業復興にも尽力している。著書に『日本の魚は大丈夫か――漁業は三陸から生まれ変わる』（NHK出版新書）、監訳書にキュリー／ミズレイ『魚のいない海』（NTT出版）がある。

漁業という日本の問題

二〇一二年四月一九日　初版第一刷発行
二〇一九年五月二四日　初版第四刷発行

著者　勝川俊雄
発行者　長谷部敏治
発行所　NTT出版株式会社
〒一四一-八六五四
東京都品川区上大崎三-一-一　JR東急目黒ビル
営業担当　TEL　〇三-五四三四-一〇一〇
FAX　〇三-五四三四-一〇〇八
編集担当　TEL　〇三-五四三四-一〇〇一
http://www.nttpub.co.jp/

装丁　米谷豪
編集協力　ソレカラ社
DTP　群企画
印刷・製本　株式会社デジタルパブリッシングサービス

ISBN　978-4-7571-6055-2 C0062